（Charticulator篇）

Power BI
数据可视化指南

让数据鲜活与可定制的视觉设计

[英] Alison Box 著　　陆文捷 译

Introducing Charticulator for Power BI
Design Vibrant and Customized
Visual Representations of Data

电子工业出版社
Publishing House of Electronics Industry
北京·BEIJING

内 容 简 介

本书是介绍如何在 Power BI Desktop 中使用 Charticulator 进行自定义可视化设计的指南。跟随本书从零基础学起，最终读者能够亲手设计出 Power BI 原生视觉对象无法实现的、富有挑战性并兼具酷炫视觉效果的可视化图表。

第 1~3 章会带领读者熟悉 Charticulator 的界面，指导读者如何用 Charticulator 创建一张简单的图表。第 4~7 章介绍驱动图表设计的主要元素，并教授读者如何设计各种类型的图表。第 8 章介绍 Charticulator 表达式，即 "d3 格式"，它能帮助读者更好地控制图表的数据格式。第 9 章介绍 Charticulator 中刻度/色阶的运作原理。掌握这一章的内容以后，使用 Charticulator 设计图表会更有意义，它能帮助读者在图表中实现自己的奇思妙想。第 10 章介绍引导线和锚定。第 11~18 章介绍设计各类可视化效果的技巧。第 19 章介绍 Charticulator 中一些极具创造性和启发性的用法，掌握这些能让你的图表脱颖而出。

First published in English under the title

Introducing Charticulator for Power BI: Design Vibrant and Customized Visual

Representations of Data

by Alison Box, edition: 1

Copyright © Alison Box, 2022

This edition has been translated and published under licence from

Apress Media, LLC, part of Springer Nature.

本书中文简体版专有版权由 Apress Media 授予电子工业出版社。专有出版权受法律保护。

版权贸易合同登记号 图字：01-2024-1010

图书在版编目（CIP）数据

Power BI 数据可视化指南：让数据鲜活与可定制的视觉设计：Charticulator 篇 /（英）艾莉森·博克斯（Alison Box）著；陆文捷译. —北京：电子工业出版社，2024.4
书名原文：Introducing Charticulator for Power BI: Design Vibrant and Customized Visual Representations of Data
ISBN 978-7-121-47511-5

Ⅰ. ①P… Ⅱ. ①艾… ②陆… Ⅲ. ①可视化软件 Ⅳ. ①TP31

中国国家版本馆 CIP 数据核字（2024）第 057418 号

责任编辑：王　静
印　　刷：天津千鹤文化传播有限公司
装　　订：天津千鹤文化传播有限公司
出版发行：电子工业出版社
　　　　　北京市海淀区万寿路 173 信箱　　邮编：100036
开　　本：720×1000　1/16　印张：19　字数：394 千字
版　　次：2024 年 4 月第 1 版
印　　次：2024 年 4 月第 1 次印刷
定　　价：118.00 元

凡所购买电子工业出版社图书有缺损问题，请向购买书店调换。若书店售缺，请与本社发行部联系，联系及邮购电话：（010）88254888，88258888。

质量投诉请发邮件至 zlts@phei.com.cn，盗版侵权举报请发邮件至 dbqq@phei.com.cn。

本书咨询联系方式：faq@phei.com.cn。

致谢

感谢我的丈夫兼同事 Stuart Box，是他让我对 Charticulator 产生了兴趣，在他的鼓励和支持下我决定写这本关于如何使用 Charticulator 的书。彼时，他还预料不到我会花整整 9 个月全身心投入到 Charticulator 中，无暇顾及其他事情，永远感谢他在这段时间里的耐心、理解和支持。也非常感谢我的儿子兼同事 Alan Harman-Box，为了能让我腾出时间专心写作，他接管了许多本该由我承接的事务和培训工作。

我还要感谢本书的技术评审员 Daniel Marsh-Patrick 为本书提出的宝贵意见、建议和所做的贡献。他对 Charticulator 专业知识的掌握和多项技术专长为本书的出版提供了有力的保障。没有他的帮助，本书的创作将会异常艰难。

最后，我要感谢 Apress 出版社 Acquisitions 部门的编辑 Joan Murray 为我的写作提供了宝贵的指导意见。也感谢 Apress 出版社 Development 部门的编辑 Jill Balzano 对本书的出版提供了专业的帮助。

推荐语

　　一个成功的 BI 项目的基础是可以合理地管理数据质量，资深的数据分析师与咨询顾问会在这方面下很多功夫，在此基础上最后的临门一脚就是将 BI 报表以合适的可视化形式展现给客户。对此，一般的处理方式是基于目的和需求而选择相应的特定的可视化工具，这个就是我们通常所说的可视化指南的套路。但是在 Power BI 中存在这样一个神奇的可视化工具——Charticulator，这是一个可以进行七十二般变化的超级可视化工具。我十分钦佩译者的眼光，他给我们提供了一个深入学习 Charticulator 的学习方式，让我们可以从中获得更多的选择，进而提升我们的商业分析的价值与呈现能力。

　　商业分析不止于数据的治理与改进，也需要优秀的可视化工具来释放管理的价值。Charticulator 就是一个不错的可视化工具，可以用于构建更好的可视化报告，对于我们学习图表设计也十分有益。

刘　钰

微软最有价值专家（MVP）

Power Platform 中文社区联合创始人

前言

本书是介绍如何在 Power BI Desktop 中使用 Charticulator 进行自定义可视化设计的指南。跟随本书从零基础学起，最终读者能够设计出 Power BI 原生视觉对象无法实现的、富有挑战性并兼具酷炫视觉效果的可视化图表。本书会着重介绍 Charticulator 的各个基本模块，尽可能详细地描绘图表设计的每个步骤，引导读者将其融会贯通，掌握设计生动、形象的可视化图表的技能。

Charticulator 开发团队的初衷是给用户提供一个直观、易用的工具进行可视化设计，但试过之后读者会发现它对新用户并不友好。Charticulator 被称为"图表世界中的 DAX 语言"，这意味着在 Charticulator 简洁的设计界面背后蕴含着一套复杂的方法。在撰写本书时，市面上几乎没有专门介绍 Charticulator 核心概念的学习资源，本书的目的旨在填补这一空白，希望会对读者有所裨益和启发，让读者充分利用 Charticulator 进行创作。

本书的内容涵盖如何使用 Charticulator 的详细介绍，适合想学习 Charticulator 但苦于没有基础的读者。本书对读者唯一的要求是拥有基本的 Power BI Desktop 的使用经验。除此以外，如果读者还熟悉数据分析的常用方法（比如对数据进行分组和聚合）或者掌握 Power BI 数据建模的基本知识那就更好了，但这不是必需的，对于相关的内容，书中会提供详细的信息和解释。

本书写作的难度在于如何给读者提供结构化和合乎逻辑的学习体验。由于使用 Charticulator 的各种技巧相互交织，所以没有固定的学习范式，把每个主题单元剥离成独立的知识点相当有难度，这是由 Charticulator 自身特点所决定的。贯穿全书，Charticulator 的诸多功能在不同的场景下会被重复应用。在内容编排上，本书的每章内容都是建立在先前章节所讲解的技能基础上的，所以，在此建议读者逐章阅读学习，确保掌握了每章的核心知识点后再开展之后章节的学习。学到本书的最后部分，读者将能够整合整本书的各种知识技能，构建复杂、高度定制化的图表。

第 1~3 章会带领读者熟悉 Charticulator 的界面，指导读者如何用 Charticulator

创建一张简单的图表。之后的章节将在此基础上进一步探索用 Charticulator 设计图表的基本原理。Charticulator 与传统的图表设计工具大相径庭，用户无须在绘制图表时指定字段在图表中的具体位置。与之相反，用户可以自由选择字段在图表中发挥的作用，不断尝试各种可能性，这个特点给予了 Charticulator 在可视化设计方面的高度灵活性。

第 4~7 章介绍驱动图表设计的主要元素，并教授读者如何设计各种类型的图表。在 Charticulator 中，点阵图和条形图的设计方式截然不同。在这几章中读者还将了解到，管理图表的布局是设计条形图、柱形图、矩阵图等各类图表的关键步骤。

第 8 章介绍 Charticulator 表达式，即 "d3 格式"，它能帮助读者更好地控制图表的数据格式。

第 9 章是全书最具挑战性的部分，撰写起来也相当不易。读者会在这里学习 Charticulator 中刻度/色阶（Scales）的运作原理。读者可能会认为它是用来定义数值数据的表示方式的，但在 Charticulator 中，刻度/色阶有更广泛的用途，包括控制用来映射数据的颜色，以及控制数值数据在图表上的绘制方式。希望这一章会是读者学习 Charticulator 之旅的里程碑，在掌握这一章的内容以后，使用 Charticulator 设计图表会更有意义，它能帮助读者在图表中实现自己的奇思妙想。

第 10 章介绍引导线和锚定。学完前 10 章后，读者已经能够设计出较为靓丽的图表了，并为进一步探索设计组合图表和创建更为复杂的图表打好了基础。

在第 11~18 章中，读者会学到设计各类可视化效果的技巧，例如，第 13 章介绍如何设计环形图（也称为极坐标图），第 14 章介绍如何设计箱线图、龙卷风图和子弹图，以及各类用到 Charticulator 数据轴的图表。第 15 章会探索共现图、和弦图、丝带图和桑基图的设计方法，这些图表都会用到 Charticulator 的连接功能。

第 19 章介绍 Charticulator 中一些极具创造性和启发性的用法，掌握这些能让你的图表脱颖而出。在这里，读者会发现将 Charticulator 和 DAX 语言结合运用将带来更多可视化设计方面的可能性，掌握 DAX 语言的基础知识会对读者有所帮助。当然，这不是必需的，本章的重点在于让读者一窥与其他技术结合来提升 Charticulator 图表设计潜力的实例。

书中的示例图表均提供下载文件，其中大部分图表只需用到一个数值字段 "数量" 和两个分类字段 "YearName" 和 "SalesManager"。如果用到了除这以外的其他数据，则会在截图中进行必要的展示。

Charticulator 和 Power BI 会不断迭代更新，当读者翻开书本时，可能会发现当前版本的软件界面会跟书中的截图有所不同，然而这并不会影响本书重点介绍的图表设计的核心原理。

本书的写作历程是作者从零基础到掌握 Charticulator 的一个缩影：从初识 Charticulator 时的茫然无措、不懈摸索直至学会各种技巧，最终将这些经验编纂成书。而本书的读者无须再经历一次其中的挣扎，本书的初衷就是让更多人的 Charticulator 学习之旅有迹可循，读者将体会到使用 Charticulator 进行可视化设计的美妙之处。在扎实地掌握了本书介绍的所有知识后，读者就能够充分调用想象力，设计各类样式的图表。

衷心祝愿你能享受这段学习旅程！

作　者

目录

第 1 章

Charticulator 介绍

Charticulator 于 2021 年 4 月被正式集成到 Power BI 中，用户可以使用 Charticulator 在 Power BI 中创建定制的数据可视化图表。Charticulator 的设计界面十分简洁，但蕴含了一套复杂的设计方法。

Charticulator 的最大价值在于它具有制作出各种视觉对象和图表的非凡能力，如何把多个设置和选项有效组合起来是掌握这个工具的重点，并且这也让许多用户望而生畏。与其他的 Power BI 视觉对象不同，Charticulator 有一套独立的用户界面并运行在 Power BI 的应用程序窗口中，因此，用户需要掌握不同于其他的 Power BI 视觉对象的交互设计及相关知识。

本章会开启我们的 Charticulator 学习之旅，首先从将 Charticulator 导入 Power BI 开始，再尝试创建一个简单的图表，以及浏览 Charticulator 的用户界面。在正式开始之前，希望读者抛开对于创建 Power BI 图表和视觉对象的固有认知，别再受制于类似"在 X 轴或 Y 轴上可以绘制什么样式的图形？"或者"在图表中可以容纳多少个类别数量？"的问题。我们可以完全不考虑那些常规的 Power BI 视觉对象的局限性，在从零开始设计数据可视化效果的层面进行思考。

1.1　在 Power BI 中导入 Charticulator

第一步是将 Charticulator 作为自定义视觉对象导入 Power BI 中。然后确保它在我们生成或编辑的所有 Power BI 报告中可用。在 Power BI Desktop 中单击

"Visualizations"（可视化）窗格底部的省略号按钮，然后选择"Get more visuals"（获取更多视觉对象）选项（见图 1-1），进入 Power BI visulas 应用商店（译者注：本书截取的 Power BI Desktop 操作界面统一以英文作为软件应用语言，读者也可以选用其他语言来对照操作）。

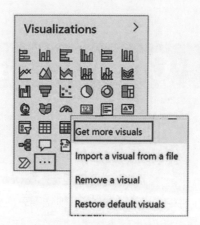

图 1-1　进入 Microsoft Power BI visulas 应用商店

　　在应用商店右上角的搜索框内搜索"Charticulator"，然后在弹出的页面中单击"Charticulator"图标，如图 1-2 所示。

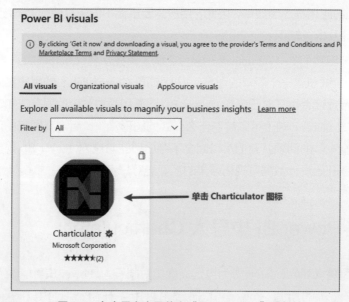

图 1-2　在应用商店里单击"Charticulator"图标

这样就打开了详细介绍 Charticulator 自定义视觉对象的窗口。单击"Add"（添加）按钮后我们就成功将 Charticulator 导入 Power BI Desktop，如图 1-3 所示。

图 1-3　成功导入 Charticulator

要确保 Charticulator 在所有新报告中都可用，则需要在"Visualizations"（可视化）窗格中的"Charticulator"图标上单击鼠标右键，在弹出的菜单中单击"Pin to visualizations pane"（固定到视觉对象窗格）选项，如图 1-4 所示。

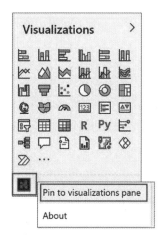

图 1-4　将 Charticulator 固定至"Visualizations"（可视化）窗格中

至此，我们已经顺利地将 Charticulator 导入 Power BI。让我们继续接下来的学习旅程。

1.2　创建 Charticulator 图表

在将 Charticulator 导入 Power BI 后，可以开始设计各种令人赞叹的视觉效果了。图 1-5 中展示了多种借助 Charticulator 构建的视觉效果，通过接下来的介绍，你将学会如何制作这些图表和视觉对象。

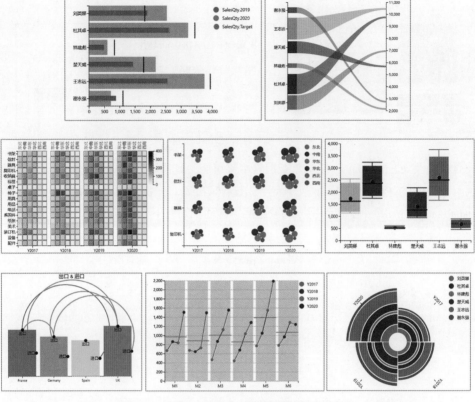

图 1-5　用 Charticulator 构建的视觉效果示例[1]

　　另外，请注意，你应该很快就能学会构建某些视觉对象，对于另外一些视觉对象，直到你读完本书的最后几章才能最终掌握其制作方法和背后的奥秘。笔者可以向你保证，对于这些内容的学习是非常值得的。大多数人在初次使用 Charticulator 时，感觉自己就像在试图控制一个任性的孩子。笔者也曾自信地认为自己已经对 Charticulator 输入了正确的绘图指令，却得到了适得其反的视觉效果。要了解 Charticulator 需要一些时间，但它值得你投入时间学习并且回报很高。只要坚持学习，你就一定会设计出创新的视觉效果。心动不如行动，下面先来创建一个简单的簇状柱形图，如图 1-6 所示。

1　在本书图表中，销量单位为件，销售额单位为元。

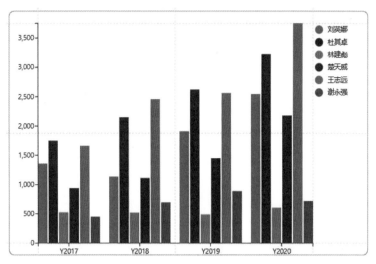

图 1-6 你即将创建的第一个 Charticulator 图表

你也许会有疑问："在 Power BI 中可以轻松地创建这些图表，为何要用 Charticulator 来创建呢？"有这样的想法很正常，但请记住，掌握 Charticulator 具有一定的挑战性，想一步登天并不实际。从创建一种你熟悉的图表开始学习 Charticulator，有助于你充分准备好以继续学习和探索 Charticulator 的高级特性。

创建一个类似图 1-6 所示的图表，需要用到数据集中的 3 个字段：两个分类字段和一个数值字段，例如，图 1-6 使用的字段是'日期'[年份名称]、'销售经理'[销售经理]和'订单'[数量]。数值字段可以是数字列或显式度量值。

启动 Charticulator，首先单击"Visualizations"（可视化）窗格中的"Charticulator"图标，在 Power BI 画布上生成占位符。

1.2.1 选择数据

把要在图表中所展示的字段从 Power BI 的"Fields"（字段）窗格中拖曳到"Data"（数据）栏中，如图 1-7 所示。

你可能会觉得把所有的字段放在相同的栏中显得很奇怪，在笔者初次使用 Charticulator 时也有一样的困惑。在 Power BI 的视觉对象中，数值字段不应该对应"Y-axis"（Y 轴）栏，而分类字段则应该对应"X-axis"（X 轴）和"Legend"（图例）栏吗？图 1-8 就是典型的示例，其中展示了用 Power BI 自带的视觉对象绘制的同类图表。

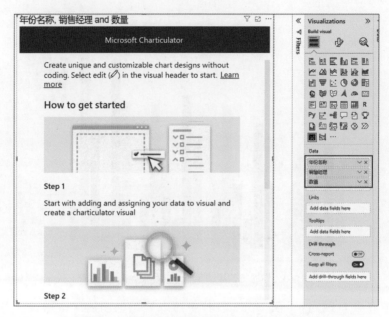

图 1-7　添加了字段数据的 Charticulator 对象

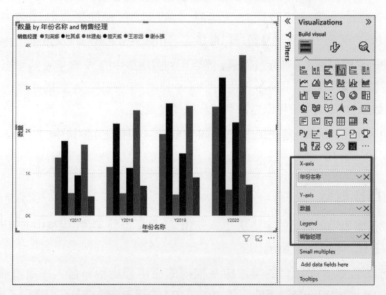

图 1-8　拥有分类和数值栏的 Power BI 的视觉对象（簇状柱形图）

　　难道不是所有的 Power BI 的视觉对象都先对数据进行分组然后聚合吗？在 Charticulator 中，并没有将字段约束为"值"或"类别"的概念。那么，Charticulator 如何知道哪些字段将按照数值计算结果来绘制图形，哪些字段用以对数据进行分类呢? 这个问题的答案会在 1.3.2 节揭晓。

1.2.2　打开 Charticulator

下面继续进行图表构建。单击 Charticulator 视觉对象右上角的"More options"（更多选项）选项，在弹出的下拉列表中选择"Edit"（编辑）选项，如图 1-9 所示。

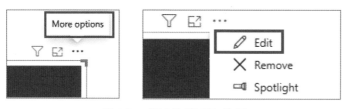

图 1-9　"Edit"（编辑）选项

此时，Charticulator 对象将被展示并填充在 Power BI 画布中。单击"Create chart"（创建图表）按钮，打开 Charticulator 绘图界面，如图 1-10 所示。

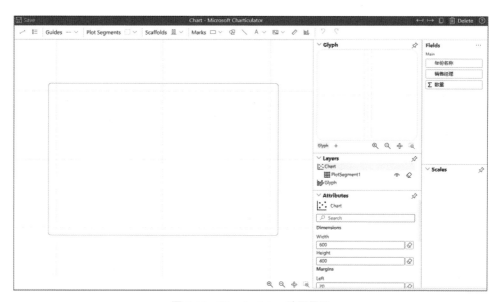

图 1-10　Charticulator 绘图界面

1.2.3　设计图表

下面开始构建如图 1-6 所示的图表。

备注：本练习的目的是帮助你快速创建一个 Charticulator 图表，并作为其余章节示例的基础。考虑到目前你对 Charticulator 的了解还比较有限，所以，此处会尽量避免涉及细节设置，如果你还无法理解这一切到底是如何实现的，请别担心，在接下来的章节中会对所有内容进行详细介绍。

在开始制作图表前，请确保在"Fields"（字段）窗格（译者注：此处指"年份名称"和"销售经理"字段）中的分类字段的名称的旁边没有 Σ 按钮（后面将对此进行详细介绍，请参阅 1.3.2 节内容）。如果需要把数值字段改为分类字段，则需要单击字段左边的 Σ 按钮并在弹出的下拉列表中选择"categorical"（类别）选项，如图 1-11 所示。

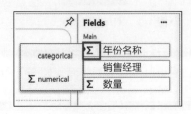

图 1-11　把数值字段改为分类字段

设计 Charticulator 图表的第一步是设置图标（Glyph）。图标是数据的可视化表示形式。在下面要设计的图表中，图标是简单的矩形，所有矩形图标组成了一幅完整的簇状柱形图。

在顶部的工具栏中单击显示矩形的"Marks"（标记）按钮，然后将矩形拖曳到"Glyph"（图标）窗格中，如图 1-12 所示。此时可以观察到放入矩形的区域以橙色突出显示。

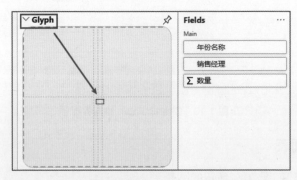

图 1-12　将矩形拖曳到"Glyph"（图标）窗格中

在画布上会看到代表每个类别组合的矩形，如图 1-13 所示。

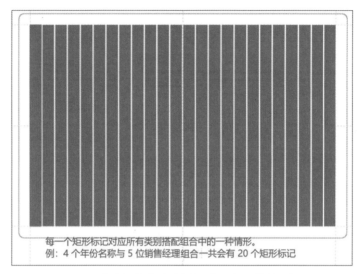

图 1-13　画布上每个类别对应的图标以矩形样式重复展示

要实现对 X 轴上的矩形进行分类，则需要将要分类字段从"Fields"（字段）窗格中拖曳到画布中的 X 轴上。在用户放置字段前，X 轴会以橙色突出显示。例如，将"年份名称"字段拖曳到 X 轴上，矩形会按年分类，如图 1-14 所示。

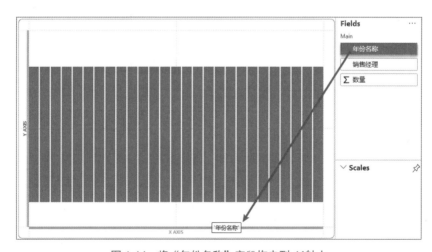

图 1-14　将"年份名称"字段拖曳到 X 轴上

此时，画布中的矩形的高度相同，但它们的高度应该反映数值字段的值。将数值字段"数量"从"Fields"（字段）窗格中拖曳到"Glyph"（图标）窗格的矩形上，将其放置在显示"Height"（高度）处的位置，如图 1-15 所示。再次强调，橙色高亮处是提醒用户需要放置该字段的位置。现在矩形的高度与数量——对应。

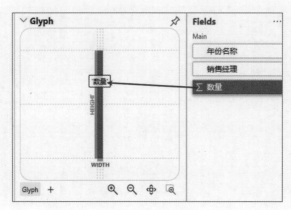

图 1-15　将数值字段"数量"拖曳到矩形的"Height"（高度）处

　画布上的每个矩形表示一个子类别。例如，在本节所示的图表中，每个矩形分别代表每个年份中的每一位销售经理。接下来需要为矩形上色。选中"Glyph"（图标）窗格中的矩形。在屏幕底部的"Attributes"（属性）窗格中，你会在"Style"（样式）选项下找到一个"Fill"（填充）属性（可能需要向下滚动窗格才能找到该选项）。拖曳分类字段"销售经理"到这个属性上，如图 1-16 所示。

图 1-16　为画布上的每个矩形按分类配色

完成簇状柱形图的最后一步是在图表的左侧添加 Y 轴数字标签，以便用户能够理解绘制的数值。这里需要插入图例来创建 Y 轴数字标签——你一定会觉得通过插入"图例"这一步骤来显示 Y 轴数字标签有点儿奇怪，请先照着做吧，在第 9 章中会更详细地探讨 Charticulator 图例的相关细节。

单击顶部工具栏上的"Legend"（图例）按钮，在弹出的下拉列表中选择数值字段"数量"，然后单击"Create Legend"（创建图例）按钮，如图 1-17 所示。如果图例溢出画布也不用担心，可以在画布上调整图例的尺寸。

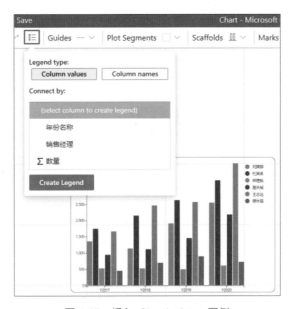

图 1-17　插入 Charticulator 图例

也可以使用同样的方法创建图例来解释各个类别颜色与"销售经理"字段的对应关系，它会默认展示在图表的右上方。

1.2.4　在 Power BI 中保存图表

单击 Charticulator 绘图界面左上角的"Save"（保存）按钮，然后单击屏幕左上方的"Back to Report"（返回报告）按钮。

大功告成！你刚刚在 Power BI 中创建了第一张 Charticulator 图表，如图 1-18 所示。

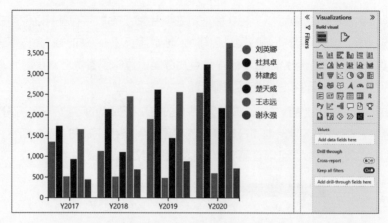

图 1-18　按本节介绍的步骤在 Power BI 中创建的 Charticulator 图表

1.3　Charticulator 界面概览

1.2 节介绍了如何在 Charticulator 中创建第一张图表，本节让我们浏览一下 Charticulator 的每个窗格，以及熟悉构成 Charticulator 图表的组件。截至目前，我们对 Charticulator 的了解还只是冰山一角。本章介绍的 Charticulator 组成元素会还在后面的章节中温故知新。

在 Power BI 中再次进入 Charticulator 界面，单击 Charticulator 对象右上角"More Options"（更多选项）按钮并单击"Edit"（编辑）按钮。（译者注：步骤同 1.2.2 节。）

下面对后面要介绍的 Charticulator 窗格和界面部分按顺序进行了编号，如图 1-19 所示。

（1）图表画布

（2）"Fields"（字段）窗格

（3）"Glyph"（图标）窗格

（4）"Layers"（图层）窗格

（5）"Attributes"（属性）窗格

（6）"Scales"（刻度/色阶）窗格

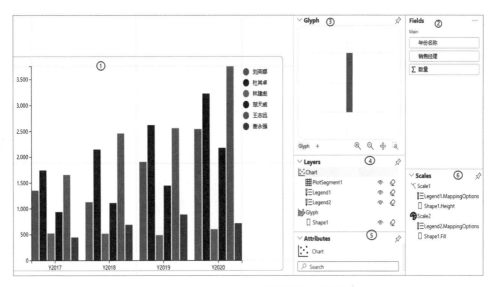

图 1-19　Charticulator 绘图界面上的窗格

可以通过以下方式调整窗格：

- 单击窗格右上角的图钉按钮取消取固定窗格，然后拖曳窗格的上边缘以重新定位。
- 单击浮动窗格右上角的最小化按钮可以将其最小化，再次单击该按钮可以取消最小化。
- 拖曳浮动窗格的右下角可以调整窗格的大小，这在我们构建由多种图标构成的图形时会带来极大的便利。

请注意，"Fields"（字段）窗格是无法取消固定的。

1.3.1　图表画布

在界面左侧是呈现在画布上的图表。请注意这里的定义边距的浅灰色线条（引导线），在后面的章节中会更详细地介绍如何使用引导线。如果想更改边距，则可以拖曳其中一条引导线。其他可以通过拖曳来调整画布的设置，如图 1-20 所示。

使用画布窗格右下方的矩形缩放按钮可以将自选区域的局部放大——只需单击该按钮并在画布上要放大的区域拖曳鼠标即可。也可以在"Attributes"（属性）窗格中进行这些调整，具体方法请参阅 1.3.5 节内容。

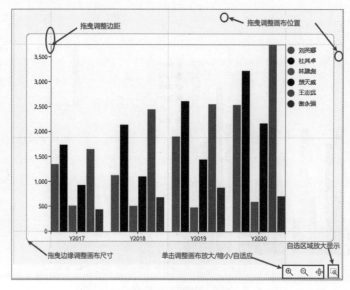

图 1-20　调整画布

1.3.2　字段窗格

“Fields”（字段）窗格中罗列了你正在或希望在图表中使用的字段信息。单击窗格右上角的省略号按钮会弹出下拉列表，其中显示了被 Charticulator 用于构建图表的数据，如图 1-21 所示。这个列表和 Power BI 中的表格对象非常相似。将你绘制的 Charticulator 图表想象成基于 Power BI 的表格的可视化呈现，是不是更好理解了？

年份名称	销售经理	数量
Y2017	刘英娜	1355
Y2017	杜其卓	1744
Y2017	林建彪	523
Y2017	楚天威	937
Y2017	王志远	1658
Y2017	谢永强	447

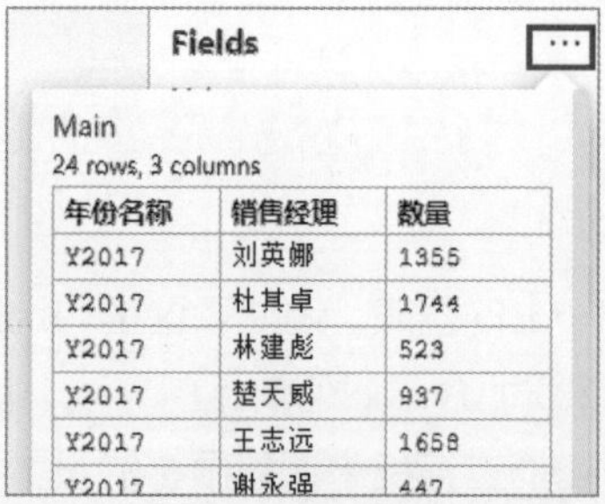

图 1-21　字段列表显示了图表中使用的数据

知道如何在 Charticulator 中查看数据很重要。在绘制典型的 Power BI 视觉对象（译者注：比如簇状柱形图/条形图、堆积柱形图/条形图等）时，需要把要聚合的数值字段放在“X-axis”（*X* 轴）或“Y-axis”（*Y* 轴）栏中（译者注：聚合的数值字段的放置位置根据视觉对象的选择而异，例如在绘制柱形图时需要将聚合的数值字段放于

"Y-axis"（ Y 轴 ）栏中，在绘制条形图时则是放在"X-axis"（ X 轴 ）栏中，把分组和分类的数值字段放在剩下的"axis"（ 轴 ）栏和"Legend"（ 图例 ）栏中。而在 Charticulator 中，所有字段都被放入同一个"Data"（ 数据 ）栏中，你可以在图 1-22 中看到它们的差别。

图 1-22　对比 Charticulator 图表与 Power BI 图表的数据栏

　　如何知道 Charticulator 是否按我们的预期处理各类数据？并非所有的数值字段都需要聚合汇总，例如，对年龄字段进行求和通常没有必要；同样地，对图表中的年份数值求和也没有实际意义。Charticulator 会对数据进行预设，可以看一看"Fields"（ 字段 ）窗格中的字段名称旁边的符号：∑，此符号表示数值字段类型，可以是数据模型中的数值列，也可以是显式度量值。它们提供了与图表和图标的数值"属性"相关的值（请参阅 1.3.5 节内容）。文本字段通常提供了类别信息，数值字段也同样能做到这一点。你可能还记得 1.2.3 节介绍了通过单击字段列表中的∑按钮来完成此操作，可以参考图 1-11，如果有需要，则你可以对字段进行类似的更改。

　　在 Charticulator 中，并不需要一开始就指定字段在图表中的具体位置——无论它是在轴上、图例中或是数值。可以通过字段类型指定数据的"行为"，这也意味着你能够随时根据自己的想法尝试通过各种组合形式来自由地选择字段在图表中扮演何种角色，这就是 Charticulator 相比其他视觉对象更灵活的地方。

　　另外，字段还有两种类型：顺序和时间。如果你使用了日期数据类型字段或在"Fields"（ 字段 ）窗格中使用了 Power BI 的日期层次结构，你就会遇到这两类字段了。如图 1-23 所示，这里使用了一个名为"日期"的字段，它是时间类型字段。在该图中可以看到该字段被分别归类到"Year（ 年 ）""Month（ 月份 ）""Month number（ 月份数字 ）"等类别。进一步分析数据（译者注：浏览数据的方法请参考本节开头部分）可以看到每一个有销量数据的日期都有会一条记录，因此，在图表中这些日期都会对应一个矩形图标。你可以改用其他日期类型，例如调整图表的 X 轴为按"Month"（月份）显示（译者注：调整 X 轴字段的方法请参考图 1-14）。与 Power BI 中的日期层次结构不同的是，Charticulator 图表无法进行日期层次上的钻取。你还会发现无须将字段更改为顺序类型，因为在单击画布左上角的"Save"（保存）按钮后，"Month"（月份）等字段就会自动按顺序排列。

图 1-23 "Fields"（字段）窗格中的日期类型字段

如果你使用了 Power BI 的日期层次结构（译者注：在 Power BI 中开启了时间智能选项后，Power BI 会自动生成日期表和日期层次结构），那么该层次结构的所有字段都是时间类型的，最好将其更改为"categorical"（分类）字段。在示例数据中仅使用日期层次结构中的"Year"字段作为 X 轴绘制图形，其效果和 1.2.3 节用"年份名称"字段作为 X 轴的效果是相同的。

请注意：图表所使用的字段在"Fields"（字段）窗格中的排列顺序决定了数据的分类顺序。如果 X 轴上未放置分类字段，那么"Fields"（字段）窗格中的第一个字段将作为主类别，随后的字段则是子类别，这也是 Power BI 的自动排序设置。可以通过单击 Charticulator 对象右上角的"More Options"（更多选项）按钮来查看，以及选择其他的分类顺序。另一种改变分类字段排列顺序的方法是直接改变"字段"（Fields）窗格内的字段先后位置。还要留意的是，一旦在单击"More Options"（更多选项）按钮出现的下拉列表里调整了分类顺序，那么改变"Fields"（字段）窗格中的字段位置的方法将不再有效。图 1-24 是采用两种不同分类顺序的图形展示比较。

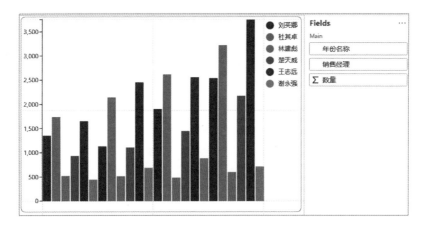

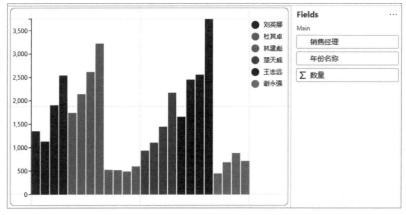

图 1-24　字段的顺序决定了图表如何分类展示

1.3.3　图标窗格

本节介绍用于设计图标样式的"Glyph"（图标）窗格。在之前的章节里我们已经在图表中创建了一个矩形图标。实际上，图标样式包括各种形状、符号、线条和文本标记，在第 2 章中会介绍如何构建更复杂的样式。就目前而言，这里把图标当作矩形的同义词就行。可以在画布上放大和缩放图标，如图 1-25 所示。

"Glyph"（图标）窗格中的图标默认引用源数据的第一行值。即在之前构建的图表中，就是销售经理"刘英娜"2017 年的总销量，所以"Glyph"（图标）窗格中的矩形标记是蓝色的，图标的尺寸也会与第一行的值在整个数据集中的大小关系相照应，如图 1-26 所示。

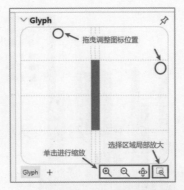

图 1-25　"Glyph"（图标）窗格

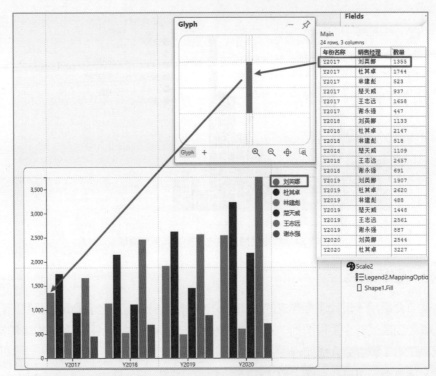

图 1-26　"Glyph"（图标）窗格中的图标默认引用源数据的第一行值

　　这也意味着，如果第一行的值在整个数据集中是极小值，或者是零的时候，你就得格外注意：此时窗格中的图标将非常小，甚至可能不会显示出来。

　　备注：有一种例外的情况，如果对字段进行了分组处理，那么图标展现的是分组了的数据而非数据的第一行。在后面的章节中会介绍分组数据的细节。

单击图表上的特定图标就会改变窗格中展示的图标。例如，单击销售人员"杜其卓"2017 年的销量对应的图标，窗格中展示的图标就相应发生了变化，如图 1-27 所示。

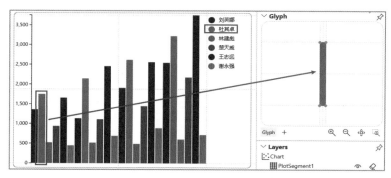

图 1-27　可以更改"Glyph"（图标）窗格中展示的图标

画布上呈现的每个矩形均对应数据集中的一条记录。例如，在本例数据中包含了 6 位销售经理 2017 — 2020 年的销量数据，因此图表种共有 24（6×4）个矩形图标，代表某位销售经理在某年的销量。

1.3.4　图层窗格

"Layers"（图层）窗格中罗列了组成当前图表和图标的所有元素（在之后的章节中会看到可以同时存在多个图标）。其中包含图 1-28 中列出的部分或所有元素，并且在图表和图标中可以同时包含多种元素。

表 1-1　"Layers"（图层）窗格中列出的组成图表和图标的各元素

Chart（图表）	Glyph（图标）
Plot segment（绘图区）	Shape（i.e.,mark）（形状）
Link（连接）	Line（线条）
Legend（图例）	Symbol（符号）
Text mark（文本标记）	Guide or guide coordinator（引导线/坐标引导线）
Guide or guide coordinator（引导线/坐标引导线）	Text mark（文本标记）
Shape（形状）	Data axis（数据轴）
Symbol（符号）	Icon（图符）
Line（线条）	
Data axis（数据轴）	
Icons（图符）	
Images（图像）	

图 1-28 所示为"Layers"（图层）窗格中列出的各元素示例。

可以通过单击"Layers"（图层）窗格右侧的"眼睛"或"橡皮擦"形状的按钮来隐藏或删除各元素，如图 1-28 所示。

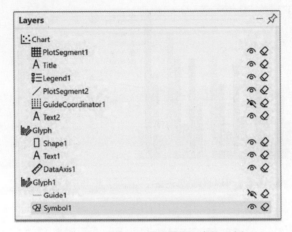

图 1-28　"Layers"（图层）窗格示例

窗格中元素的顺序很重要，这决定了元素在画布或"Glyph"（图标）窗格中的叠放顺序或"Zorder"（译者注：也称为 Z-order，指对象之间的层次关系，通常 Zorder 高者被置于 Z-order 低者的上面）。可以通过上下拖曳元素来更改元素的叠放顺序。这与在其他应用程序中对元素进行位置的"前移"或"后退"的作用相同。

1.3.5　属性窗格

"Attributes"（属性）窗格中列出当前选定图层的所有属性。例如，要显示位于"Glyph"（图标）窗格中矩形的属性，则需要在"Layers"（图层）窗格中选择"Shape1"（形状 1），此时在"Attributes"（属性）窗格中会显示"Shape1"（形状 1）的相应属性，如图 1-29 所示。也可以通过单击画布或"Glyph"（图标）窗格中的图标来显示元素的属性。

在本章的案例中，矩形具有"Height"（高度）、"Width"（宽度）和"Fill"（填充）等属性。图表具有"Dimensions"（维度）、"Margins"（边距）和"Background"（背景）等属性。可以通过编辑这些属性来呈现特定的视觉效果。这就是为什么我们要用"销售经理"字段作为"Shape1"（形状 1）的"Fill"（填充）属性，按"销售经理"字段分类为矩形着色。在后面的章节中会更详细地介绍每个图表和图标元素的属性。

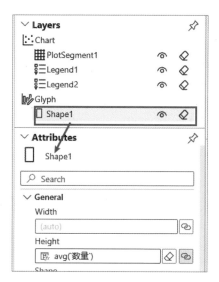

图 1-29　当前选定图层的属性窗格

在"Attributes"（属性）窗格中，可以重命名"Layers"（图层）窗格中列出的各元素。一个复杂的图标可以由与不同数据关联的多个标记和符号所组成，所以，为图标选用适当的名称能够方便用户找到对应的图标和数据。在本节中会尝试把"Shape1"（形状 1）重命名为"销量矩形图标"。

在"Shape1"（形状 1）的"Attributes"（属性）窗格中，可以对名称属性进行重命名，如图 1-30 所示。

图 1-30　可以在"Attributes"（属性）窗格中对图表和图标元素重命名

事实上，我们可以在"Attributes"（属性）窗格中对 Charticulator 图表中的每个元素重命名。

1.3.6　刻度/色阶窗格

"Scales"（刻度/色阶）窗格中列出了所有 Charticulator 图表使用的刻度/色阶。刻度/色阶通常是为用户创建的，必要时用户需要创建一个图例来对它进行释义。在你刚入门 Charticulator 时，可能还理解不了什么是刻度/色阶。不用担心，在本书后面会用一整章内容（第 9 章）对此进行介绍。

你或许会认为刻度/色阶用于描述图表中数据单元的大小。Charticulator 中的刻度/色阶并非如此，它具有更广泛的释义作用。在 Charticulator 中，当字段与组成图标的标记、符号或线条的属性相关联后就会自动生成刻度/色阶。例如，在 1.2.3 节中已经把"数量"字段与矩形的"Height"（高度）属性做了关联，在"Scale1"（刻度/色阶）窗格中就能看到以"Shape1.Height"（形状 1.高度）属性自动生成了"Scale1"（刻度/色阶 1）；另外，还把"销售经理"字段与矩形的"Fill"（填充）属性做了关联，相应地生成了"Scale2"（刻度/色阶 2）和"Shape1.Fill"（形状 1.填充）属性。为了能更好地理解刻度/色阶，通常还要在图表中添加图例进行释义。这就是为什么在 1.2.3 节后半部分介绍了如何插入图例来显示与矩形高度（销量）相关的数值，以及插入第二个图例来解释各销售经理代表的颜色，如图 1-31 所示。

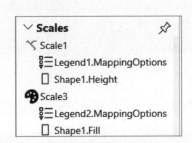

图 1-31　"Scale1"（刻度/色阶）窗格

在第 9 章会继续深入介绍 Charticulator 中的刻度/色阶。

到此，对 Charticulator 界面的简单介绍告一段落，希望你现在熟悉了其中的各种窗格和面板，并能在界面上自如地进行各项操作。在本章中你创建了第一个 Charticulator 图表，了解到什么是图标，以及"Scales"（刻度/色阶）窗格中的刻度/色阶对象是如何生成的。在第 2 章会重点介绍图标，详细研究其构成，你将了解到它可不只是一个矩形那么简单！

第 2 章

标记、符号和线条

在第 1 章中已经介绍了"Glyph"（图标）窗格中的图标样式默认采用数据集的第一行数据来展示，在构建的图表中，图标则会囊括所有数据，并通过一个案例创建了矩形图标。这样的图标在 Charticulator 中太稀松平常了。Charticulator 的威力在于可以任意组合以下的元素进行图标设计：

- 标记（矩形、椭圆或三角形）
- 符号（圆形、方形、十字形、菱形等）
- 线条
- 文本标记
- 图符或图像

本章会介绍如何采用多种元素构建更具创作灵感的图标。下面从如图 2-1 所示的一张极为普通的图表开始，介绍如何使用不同的形状、符号和线条来使其变得生动和吸引眼球。

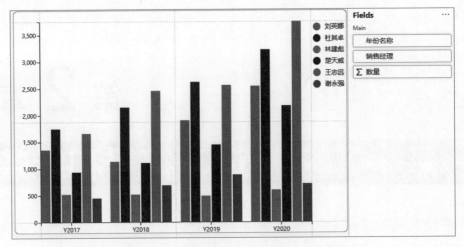

图 2-1　一张极为普通的 Charticulator 图表

2.1　标记

图标可以包含一个或多个标记（Marks）。严格来说，标记在 Charticulator 中通常为矩形、椭圆形或三角形这 3 种形状，但它通常还被用于描述图标的其他元素，比如线条和符号。在本节中，我们将标记的范畴限定为矩形、椭圆形或三角形。

> **备注**：本章以展示销量数据为场景，着重介绍如何使用标记和符号构建图标。除此之外，还有其他灵活多变的用法，例如，可以使用不与任何数据进行关联的矩形标记在分类图例或文本元素周边构造一个矩形框等。

在"Glyph"（图标）窗格中选中矩形图标，然后在"Attributes"（属性）窗格中更改"Shape"（形状）属性，把默认的矩形样式更改为"Triangle"（三角形）或"Ellipse"（椭圆形），如图 2-2 所示。

也可以在工具栏中的"Mark"（标记）的下拉列表里选择一个形状样式，并将其拖曳到空白的"Glyph"（图标）窗格中进行创建。

图 2-3 展示了把图标形状更改为"Triangle"（三角形）后的图表。

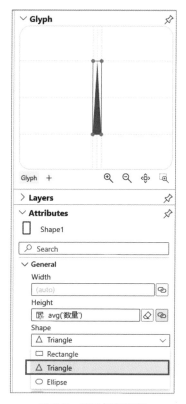

图 2-2　更改标记形状

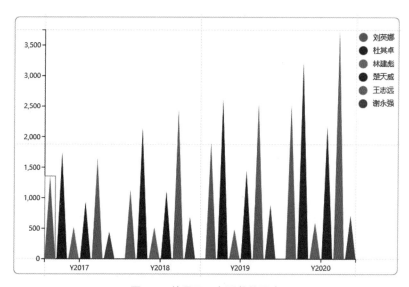

图 2-3　使用了三角形状的图表

请参照相同的方法尝试把图标更改为"Ellipse"（椭圆形）形状作为练习吧。

2.2　线条

除了标记，也可以在"Glyph"（图标）窗格中使用"Lines"（线条）。先在"Layers"（图层）窗格中单击"Shape1"（形状 1）右侧的橡皮擦按钮把它删除。然后单击工具栏上的"Line"（线条）按钮，沿着"Glyph"（图标）窗格中的垂直引导线绘制一条直线，确保其不要超出顶部和底部的由水平引导线构成的边界，如图 2-4 所示。

图 2-4　在"Glyph"（图标）窗格中绘制线条

线条具有与形状类似的属性，把数值字段"数量"拖曳到"Glyph"（图标）窗格中可以显示各线条的高度，如图 2-5 所示。把字段拖曳到"Attributes"（属性）窗格的"Y Span"（Y 轴长度）属性栏中也能实现相同的效果。

现在可以在"Attributes"（属性）窗格中把"销售经理"字段作为分类字段拖曳至"Stroke"（笔画）属性栏中，并且可以更改其颜色。调整"Line Width"（线宽）属性栏中的值，对线条宽度进行调整。更改后的图表如图 2-6 所示。

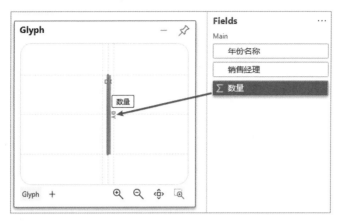

图 2-5 将数值字段"数量"拖曳到"Glyph"（图标）窗格中

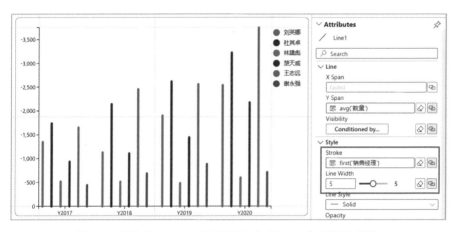

图 2-6 调整"Line Width"（线宽）和"Stroke"（笔画）属性

使用线条作为图标是创建棒棒糖图的必要步骤，在 2.8.2 节中会介绍如何创建棒棒糖图。

2.3 符号

标记和线条可用于设计柱形图或条形图中的图标，而符号则可用于创建折线图或散点图中的数据点。

基于 2.2 节创建的图表，先单击"Layers"（图层）窗格右侧的橡皮擦按钮，删除已有的图标。

　　单击工具栏上的"Symbols"（符号）按钮并将其拖曳到"Glyph"（图标）窗格中。如图 2-7 所示，这些圆点符号被水平排列在画布中央。即使这不是你想要的效果也先不要担心，在第 4 章会介绍如何绘制符号来反映其在坐标轴上的数值。接着把分类字段"销售经理"拖曳到"Fill"（填充）属性栏中并更改符号颜色，然后在"Size"（大小）属性栏中调整符号的大小[在"Size"（大小）属性栏中输入数字或拖曳右侧滑块调整]。

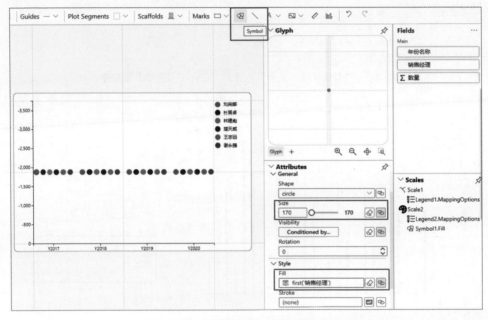

图 2-7　绘制了圆点符号的图表

　　在符号的"Shape"（形状）属性栏中可以把默认的"circle"（圆形）改为其他符号样式，比如"star"（星形），如图 2-8 所示。

　　可以单击"Stroke"（笔画）属性栏选择相应的配色为轮廓着色（请参阅本章的 2.7 节的内容），还可以在"Line Width"（线宽）属性栏中调整轮廓的粗细。

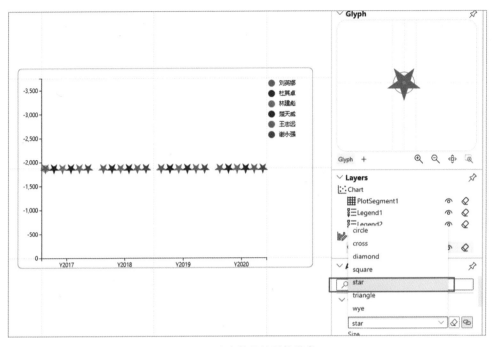

图 2-8　改变符号的形状样式

2.4　文本标记

可以使用 Charticulator 的文本标记创建类似于 Power BI 及 Excel 图表中的数据标签。

> **备注**：与标记和符号一样，文本标记也可以被直接添加到画布上，这样文本标记就扮演了普通文本框的作用，作为图表和坐标轴的标题。

在图 2-9 中可以看到接下来要创建的文本标记，这里要标记所有矩形图标来展示各位销售经理在每一年达成的销量。

要制作数据标签，先单击工具栏上的"Text"（文本）按钮，然后将其拖曳到"Glyph"（图标）窗格中，并把绿色圆点拖曳到矩形的顶部实现置顶文本标记的效果，如图 2-10 所示。

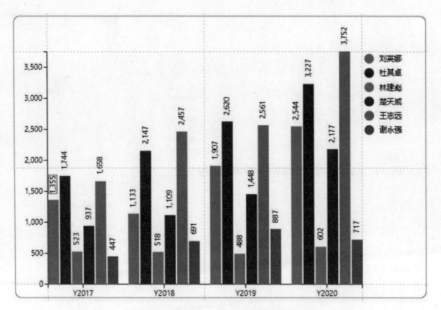

图 2-9　利用文本标记生成数据标签

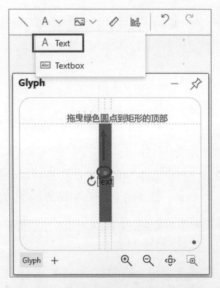

图 2-10　将文本标记拖曳到矩形的顶部

　　备注：使用"Glyph"（图标）窗格右下角的缩放按钮或者通过滚动鼠标滚轮可以更详细地查看图标，也可以通过拖曳"Glyph"（图标）窗格中的空白区域来调整绿色圆点的位置。

请注意，圆点在放置好后应仍旧是绿色的，以确保文本标记会显示在预期的位置上。如果圆点变为白色，那么文本标记不会被锚定在矩形的顶部，而是在画布的随机位置上。

然后在 "Anchor & Rotation"（锚点&旋转）属性栏中重新定位文本标记的位置，如图 2-11 所示。

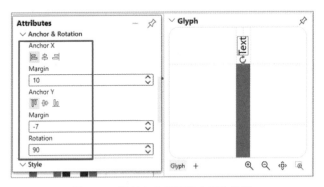

图 2-11　调整文本标记的布局和位置

接着将数值字段"销量"从 "Fields"（字段）窗格中拖曳到 "Glyph"（图标）窗格中的文本标记上以显示销量数据。只是这么做不方便的是数值格式不带逗号分隔符，以及保留了一位小数。要正确设置数字的格式，则需要单击 "Glyph"（图标）窗格中的文本标记，然后在 "Text1（文本 1）"属性窗格中编辑 "Text"（文本）属性，如图 2-12 所示。

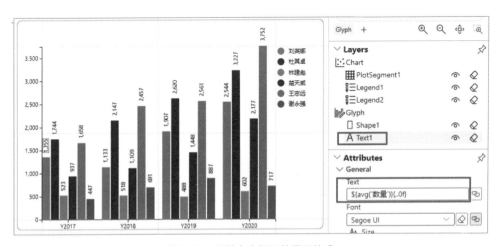

图 2-12　调整文本标记的显示格式

31

如果想在文本标记前添加货币符号，如美元符号"$"，就需要在图 2-12 右侧的 "Text"（文本）栏内的第一个美元符号"$"前面输入"\$"（反斜杠+美元符号）。对于其他货币，只需要在美元符号"$"前输入对应的货币符号。

> 备注：在第 8 章中还会深入介绍 Charticulator 的格式字符串用法。

在"Attributes"（属性）窗格中还可以更改文本的字体、颜色和大小（这些都会在本章后面的内容中看到），以及调整"Outline"（轮廓线）属性。你可以试着调整来看一看效果如何。

2.5 图符

图符（Icons）让你可以将图像用作图标或作为图标的一部分。单击"Icons"（图符）按钮，然后将其拖曳到一个空白的"Glyph"（图标）窗格中，再在"Attributes"（属性）窗格中单击"Image"（图像）属性浏览并载入图库中的图片，如图 2-13 所示。

图 2-13 在"Glyph"（图标）窗格中使用图片

图符的作用与符号（Symbols）类似，其位于画布上的一条水平线上。因为图标在画布上是重复排布的，所以显示的图像太小，难以辨认，如图 2-14 所示。

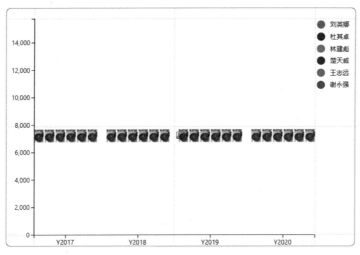

图 2-14 图像很小，难以辨认

可以参照 2.3 节介绍的内容，像调整符号那样对图符进行调整，这里不再赘述。第 4 章会详细介绍如何运用符号和图符给图表增色。

2.6 高度、长度和尺寸属性

图标的"Height"（高度）、"Length"（长度）和"Size"（大小）属性通常由数值来定义，在第 3 章会详细介绍这些内容。可以在对应的属性栏中输入一个数值来相应地限制图标的高度、长度和大小。图 2-15 所示的是将矩形图标的高度限制为 300 后的样子。

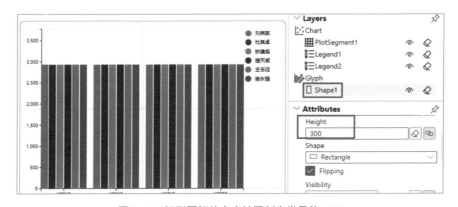

图 2-15 矩形图标的高度被限制为常量值 300

33

通过在属性栏中输入数值可以对标记、符号或线条进行约束。在本例中，无论是画布还是矩形图标都保持相同的尺寸。

2.7 填充、颜色和笔画属性

填充、颜色和笔画属性通常与类别关联，例如图 2-1 中的"销售经理"类别。我们也可以自定义颜色：先用橡皮擦工具移除各属性中的关联字段，然后单击"Attributes"（属性）窗格中的"Fill"（填充）、"Color"（颜色）或"Stroke"（笔画）属性栏后再选择相应的颜色，如图 2-16 所示。

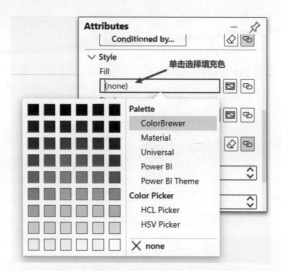

图 2-16　在"Fill"（填充）属性栏中选择颜色

在"Fill"（填充）属性栏中删除关联字段后，就不再有默认配色，属性栏内会显示"none"。可以通过这样的设置来隐藏图标上的标记或符号。

2.8 使用组合图标

在设计一个图标时，可以组合运用标记、线条和符号。例如，可以通过在矩形的顶部添加一个符号，并在矩形的中间添加一条虚线来丰富簇状柱形图。与此相仿，我们可以构建一个棒棒糖图标，其中图标由一根"棒棒"线条和一个"糖"符号所组成。

备注：要在"Glyph"（图标）窗格中使用多种形状和符号，则需要注意它们在"Layers"（图层）窗格中排列的顺序决定了它们的堆叠顺序。如果需要将一个形状置于其他形状的上方，则需要在"Layers"（图层）窗格中将该形状拖曳到列表顶部。

接下来尝试在 Charticulator 中创建本节提到的两种组合图标。

2.8.1 带符号和线条的柱形图

在图 2-17 所示的图表中，其"Glyph"（图标）窗格中组合了一个矩形、一个符号和一条线。

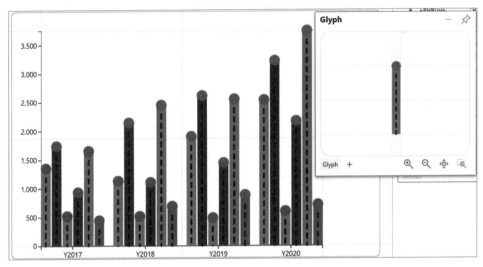

图 2-17 由组合图标构成的簇状柱形图

其实现方法是在图表对应的"Glyph"（图标）窗格中的矩形内绘制一条虚线并增加线宽。然后添加一个符号，拖曳符号内的绿色圆点将其固定到矩形的顶部，就像我们对文本标记所做的操作一样（参考 2.4 节）。最后把符号的填充色更改为深灰色。

2.8.2 棒棒糖图表

本节会构建如图 2-18 所示的棒棒糖图表为本章学习之旅收官，这里需要运用我们到目前为止学习到的多项技巧。

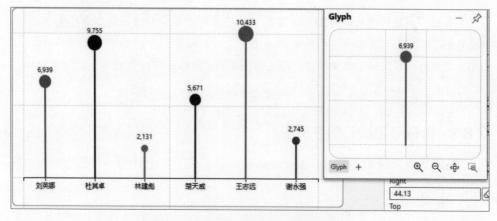

图 2-18 由符号和线条构成的棒棒糖图表

制作棒棒糖图表会用到分类字段"销售经理"和数值字段"数量"。为了完成棒棒糖图表的构建，这里分两步进行：先创建"棒棒"线条，再创建"糖"符号。

1. 创建"棒棒"线条

先从创建类似于图 2-6 的图表开始，在"Glyph"（图标）窗格中添加一条直线，如图 2-4 所示。然后将"数量"字段拖曳到"Y Span"（Y 轴长度）属性上，并将"销售经理"字段拖曳到"Stroke"（笔画）属性上（操作步骤参考 2.2 节内容）。

2. 创建"糖"符号

接着拖曳"Symbol"（符号）到"Glyph"（图标）窗格中的线条的顶部。先单击"Symbol"（符号）按钮，再在"Glyph"（图标）窗格中的线条的顶部再次单击完成放置（当将符号放在窗格中正确的位置时，你将看到橙色的对齐线）。现在，请确保在"Layers"（图层）窗格中选择了"Symbol1"（符号 1），将"数量"字段拖曳到"Size"（大小）属性栏中，将"销售经理"字段拖曳到"Fill"（填充）属性栏中。

此时，你可能会觉得"糖"太小难以辨认，可以通过单击"Scales"（刻度/色阶）窗格中的"Symbol1.Size"（符号 1 大小）并增加"Range"（范围）属性栏内"End"（结束）值来调整尺寸，如图 2-19 所示。

最后，参考 2.4 节的内容在图标上添加文本标记，此时文本标记已经附着在棒棒糖顶部，以显示销量。

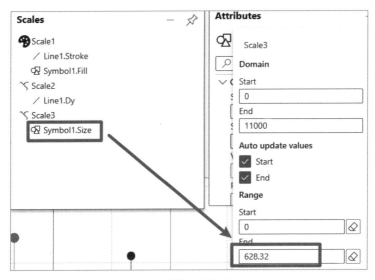

图 2-19　调整"糖"的大小

本章介绍了组成图标的各种标记、线条和符号，并学习了如何更改它们的形状、尺寸和颜色，以及如何使用文本标记来生成数据标签、对图标进行标注。为设计出理想的可视化效果，将字段与图标和图表的属性绑定十分重要。例如，在柱形图中，将"年份名称"字段与 X 轴相关联，将"数量"字段与矩形标记的高度相关联，将"销售经理"字段与矩形图标的填充色相关联。如果没有这些关联，则图表将失去意义。在 Charticulator 中，有一个术语用来表示创建这些关联——"绑定数据"。在第 3 章中会有更详细的讲解。

第3章

绑定数据

第 1 章介绍了 Charticulator 的界面，现在你应该已经对其中列出当前选定图层属性的"Attributes"（属性）窗格很熟悉了。在这里，可以将字段拖曳到部分属性栏中与图标的高度、填充色及图表的 *X* 轴相关联，从而创建簇状柱形图。不过，此时你未必知其所以然。以这种方式将字段与属性相关联被称为**绑定数据**。这一步是图表设计的关键。绑定数据需要将字段拖曳到属性栏中，并根据字段的数值生成刻度/色阶以定义属性的表现形式或格式。

通过本章，你会了解将字段与属性绑定的内涵。具体来说，你将学会识别可用于绑定数据的属性，以及如何将分类数据和数值数据与标记属性和绘图区绑定。最后，你将学习如何把图像映射到与图符依次绑定的分类数据上。

除此之外，你还会了解到数据的绑定和刻度/色阶的创建是密不可分的。本章着重于"数据绑定"这个主题，考虑到其中的挑战和复杂程度，本章对于刻度/色阶的创建只做简要的介绍，在第 9 章中会再详细介绍这一主题。由于绑定分类数据会生成用于确定图表所用颜色的色阶，因此，在本章中还会教你如何编辑这些颜色。

3.1 如何绑定数据

所有可以绑定数据的属性旁边都有一个"Bind data"（绑定数据）按钮，如图 3-1所示。

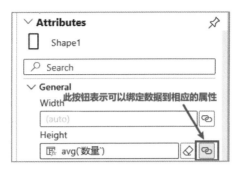

图 3-1　"Attributes"（属性）窗格里的"绑定数据"按钮

单击"Bind data"（绑定数据）按钮可以将数据绑定到属性上，也可以将字段从 "Fields"（字段）窗格中拖曳到任何可以绑定数据的区域中。"Attributes"（属性）窗格、"Glyph"（图标）窗格和图表画布上都有这样的放置区域。当把鼠标光标悬停在这些区域上时，对应区域就会变成橙色，如图 3-2 所示。

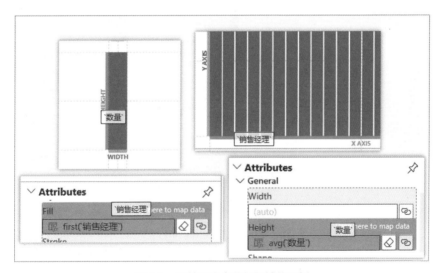

图 3-2　可放置绑定数据区域的示例

举例来说，在 1.2.3 节中将"年份名称"字段拖曳到图表的 X 轴所在的上区域中，就是把该字段绑定到"PlotSegment1"（绘图区 1）的"X Axis"（X 轴）属性上。然后又把"数量"字段拖曳到"Glyph"（图标）窗格中的"Height"（高度）区域中，也就是把该字段绑定到"Shape1"（形状 1）的"Height"（高度）属性上。最后把"销售经理"字段拖曳到"Shape1"（形状 1）的"Fill"（填充）属性栏中进行绑定，从而为图表上的矩形图标着色。在 2.4 节，我们把"销售经理"字段与文本标记的"Text"

（文本）属性进行绑定。在图 3-3 中可以看到这些属性及其绑定的字段，以及这一系列绑定操作是如何体现在图表上的。

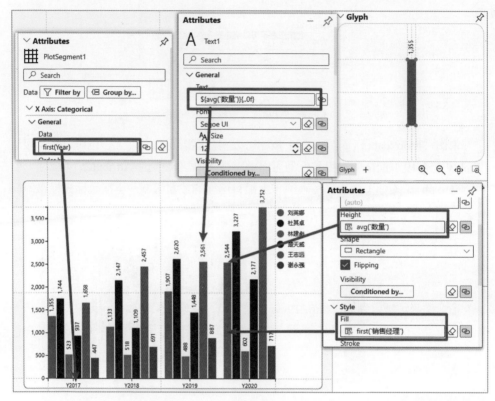

图 3-3　绑定数据到属性反映在图表上

　　分类字段和数值字段与属性的绑定对图表的影响是不同的。此外，图表会根据绑定到 X 轴和 Y 轴上的字段呈现出不同的效果。下面以图 3-4 所示的图表为例进行详细介绍。

　　如图 3-4 所示，在柱形图中字段和属性的绑定关系有如下几种。

- "YearName（年份名称）"字段与绘图区的 X 轴绑定。
- "数量"字段与矩形图标的高度属性绑定。
- "销售经理"字段与矩形的填充属性绑定。
- "数量"字段之和与文本标记属性绑定。

　　注意，在图 3-4 的左侧还没有数值图例，下面会在绑定数据后再添加。

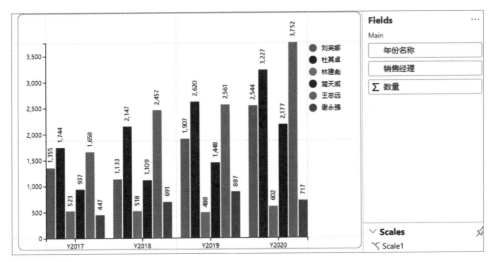

图 3-4　示例图表

3.2　绑定分类字段

　　把分类字段绑定到标记、符号或线条属性上可以确定用于标识分类中每个成员的颜色，绑定后在"Scale"（刻度/色阶）窗格中就创建了一个将颜色映射到类别的色阶。在本案例中，我们把"销售经理"分类字段绑定到矩形的"Fill"（填充）属性上，之后在"Scales"（刻度/色阶）空格的"Scale2（色阶 2）"选项下就生成了"Shape1.Fill"（形状 1.填充）"属性，如图 3-5 上半部分所示。

　　下面继续尝试，单击"Fill"（填充）属性右侧的橡皮擦按钮解除与"销售经理"字段的绑定，再把"销售经理"字段绑定到"Stroke"（笔画）属性上，这样就在"Scales"（刻度/色阶）窗格中的"Scale2"（色阶 2）选项下创建了"Shape1.Stroke"（形状 1 笔画）属性，如图 3-5 下半部分所示。如此便会对每个销售经理对应的矩形的边框进行着色，如图 3-16 所示。

　　从"Fill"（填充）属性中删除字段后，该属性中就没有颜色设置选项了，再次单击"Fill"（填充）属性并重新选择颜色。示例中选择了灰色，如图 3-6 所示。现在你就了解了绑定分类数据会在"Scales"（刻度/色阶）窗格中创建色阶选项。

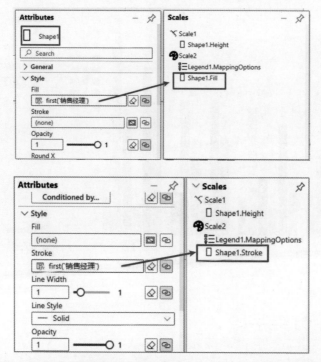

图 3-5　将分类字段绑定到"Fill"（填充）或"Stroke"（笔画）属性上后
会在"Scales"（刻度/色阶）窗格中生成色阶项

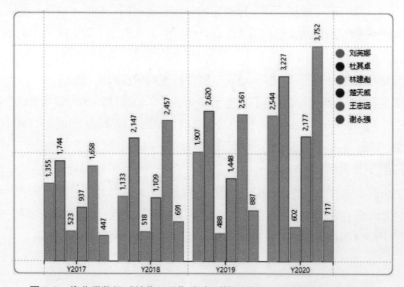

图 3-6　将分类数据"销售经理"绑定到笔画属性上改变矩形的轮廓着色

把分类字段绑定到文本标记的"Text"（文本）属性上时是一种例外：将分类字段（如"销售经理"）绑定到文本标记的"Text"（文本）属性上时不会在"Scales"（刻度/色阶）窗格中创建刻度/色阶选项。例如，在本案例的柱形图中，把数值字段"数量"绑定到 "Text"（文本）属性上，但你也可以绑定分类字段到文本标记的"Text"（文本）属性，从而生成分类数据标签。本章后面的图 3-14 所示的图表就是一个例子，这一示例把"销售经理"字段绑定到文本标记的"Text"（文本）属性上，并锚定在矩形底部生成标签。

最后要注意，分类字段无法被绑定到数值属性上。例如，不能将"销售经理"字段拖曳到形状的"Height"（高度）或"Width"（宽度）属性栏中。

3.2.1　编辑分类色阶

色阶使用的初始配色和 Power BI 报告的主题色相同，可以通过单击"Attributes"（属性）窗格中的属性或"Scales"（刻度/色阶）窗格中的"Scale"（刻度/色阶）选项下的对象进行编辑。例如，单击"Shape1.Fill"（形状 1.填充）或"Shape1.Stroke"（形状 1.笔画）属性后在弹出的如图 3-7 所示的对话框中选择配色。

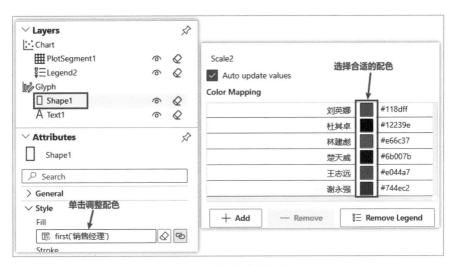

图 3-7　编辑分类的色阶

单击颜色按钮就能应用新的配色方案。更改了"Fill"（填充）属性使用的配色也会同时更改"Stroke"（笔画）属性[或使用"Scale2"（刻度/色阶 2）的其他属性]使用的配色，第 9 章会详细介绍刻度/色阶的这个特性。

3.3 绑定数值字段

　　分类字段只能与非数值属性绑定，数值字段可以与数值属性和非数值属性绑定。不同的绑定搭配会对图表产生不同的影响。

3.3.1 将数值字段绑定到数值属性上

　　可以把数值字段与例如高度、宽度和大小这样的数值属性绑定。在执行了绑定后，各属性就会反映与其绑定的数值的大小，并在"Scales"（刻度/色阶）窗格中生成关联的数值刻度。例如，在本例中将"数量"字段绑定到"Shape1（形状 1）"选项下的"Height"（高度）属性上，就会在"Scales"（刻度/色阶）窗格中的"Scale1"（刻度/色阶 1）选项下创建"Shape1.Height"（形状 1.高度）属性。图表中矩形的高度反映了销量的大小。也可以将"数量"字段绑定到文本标记的"Size"（大小）属性上，生成"Text1.FontSize"（文本 1.字体大小）属性，如图 3-8 所示。

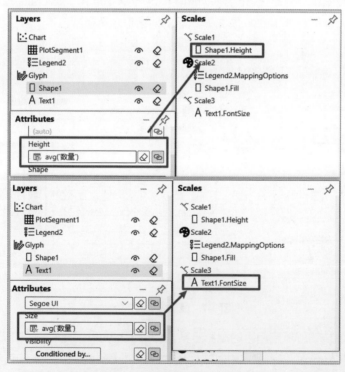

图 3-8　将数值字段绑定到属性上会在"Scales"（刻度/色阶）窗格中生成数值刻度
（译者注：该项左侧的图标表示刻度尺）

可以在图 3-9 中看到，文本标记的字号与"数量"字段的值的大小相对应。

如果要在图表左侧加上数值图例（译者注：即 Y 轴坐标，其在 Charticulator 中作为数值图例被添加至图表中），则请确保先把数值字段与文本标记的"Size"（大小）属性绑定，因为这一步会强制生成"Scale3"（色阶 3）选项，并防止"Text1.FontSize"（文本 1.字体大小）属性被合并到"Scale1"（刻度 1）选项，导致图表效果不符合我们的创作意图。

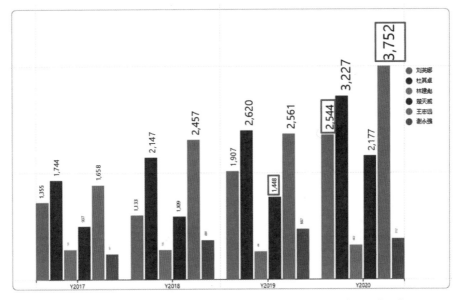

图 3-9　被绑定到文本标记的"Size"（大小）属性上的数值字段"数量"

当把数值字段绑定到一个属性上时，会在该属性框内出现平均值函数 avg，这乍看起来会有一点奇怪，如图 3-10 所示。

图 3-10　在默认情况下，在数值属性中使用了平均值函数 avg

细究一番就能明白："Glyph"（图标）窗格以引用的数据集的第一行数据为参照，因此结果是单一数值，对该数值求均值的结果不变。换句话说，就是值本身。本书之后的章节中会专门介绍 Charticulator 表达式。

3.3.2　将数值字段绑定到非数值属性上

前面已经介绍了如何把"数量"之类的数值字段与文本标记的"Text"（文本）属性绑定来显示柱形图标对应的销量，从而有效地将数据标签添加到图表中。

把数值字段与"Fill"（填充）、"Color"（颜色）或"Stroke"（笔画）等定义配色的属性绑定，就会创建渐变色阶选项。例如，在本例图表中，用"数量"数值字段替换矩形图标的"Fill"（填充）属性中的"销售经理"分类字段，就会在矩形中产生渐变灰色，代表销量的高低。其还将为"Shape1"（形状 1）的填充属性生成第 4 个色阶选项"Shape1.Fill"（形状 1.填充）（译者注：该项左侧的记号表示画板），如图 3-11 所示。

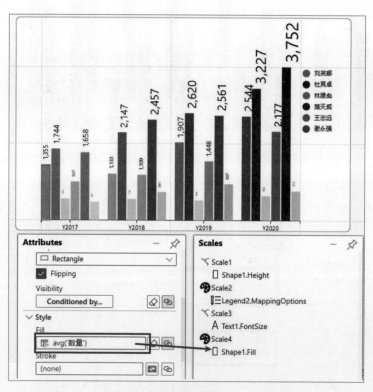

图 3-11　将数值字段绑定到非数值属性上会生成渐变灰色

美中不足的是默认的渐变色太单调了，让我们试着将图表配色变得更加生动！

3.3.3 编辑渐变色色阶

你可能想要将灰色渐变色编辑为更丰富多彩的颜色。

单击"Attributes"（属性）窗格中的"Fill"（填充）属性就能从多种预设的渐变色中进行选择，也可以单击调色板顶部的"Custom"（自定义）选项卡创建渐变色。本例选择创建"Spectral"（光谱）渐变色，如图 3-12 所示。

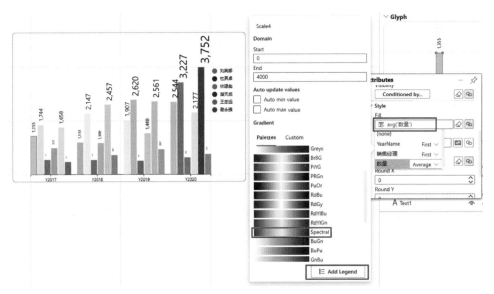

图 3-12 编辑渐变色色阶并添加图例

3.3.4 添加渐变色阶图例

也可以在图表中添加渐变色阶的图例，以替换当前的图例。首先把"Layers"（图层）窗格中的"Legend2"（图例 2）选项删除。请注意，不要使用工具栏上的"Legend"（图例）按钮添加图例，因为此举会插入数值字段的默认图例，即图表左侧的 Y 轴刻度（译者注：请参考 1.3.6 节内容）。在"Scales"（刻度/色阶）窗格中，单击需要创建图例的色阶选项，在本例中选择"Scales4"（刻度/色阶 4）选项下的"Shape1.Fill"（形状 1.填充）属性，然后单击"Add Legend"（添加图例）按钮，如图 3-13 所示。

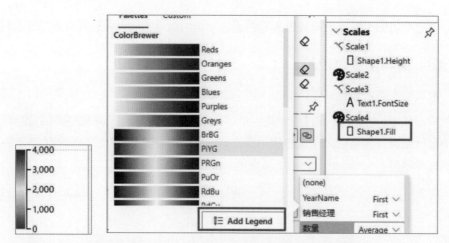

图 3-13　在"Scales"（刻度/色阶）窗格中添加色阶图例

相信你已能够使用"Scales"（刻度/色阶）图例的属性来改变图例的字体大小和颜色了。

在学习下一节内容之前还有一项重要的任务：在添加新的图例后，我们还无法辨认图表中的矩形图标分别对应哪位销售经理，请你根据所学的知识想一想如何解决这个问题。提示：在 Charticulator 中有多种方法可以解决。图 3-14 中展示了其中的一种解决方法，该方法再次使用了文本标记并将"销售经理"字段与"Text"（文本）和"Color"（颜色）属性绑定（译者注：具体步骤可参考 2.4 节的内容）。

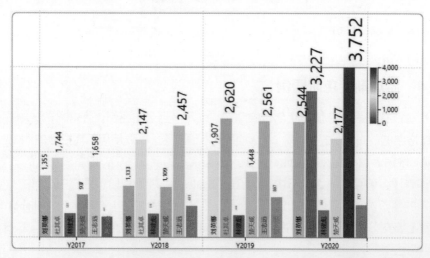

图 3-14　将"销售经理"字段绑定到文本标记的"Text"（文本）属性栏上将相应地添加数据标签

在"Glyph"（图标）窗格中，文本标记被锚定到矩形底部，将其旋转，然后通过设置文本标记的锚定属性将其位置移动到矩形内部（译者注：具体步骤可参考 2.4 节的内容）。

3.4 将数据绑定到轴上

数据绑定操作不只限于图标的属性。在"PlotSegment1"（绘图区 1）的属性中，可以将数值字段和分类字段绑定到 X 轴和 Y 轴上。在图 3-14 所示的图表中，"YearName"（年份名称）分类字段被绑定到 X 轴上，我们可以尝试将"YearName"分类字段绑定到 Y 轴上来看一看会有怎样的效果。将其分别绑定到 X 轴和 Y 轴上虽然都会生成分类轴，但通过比较图 3-14 和图 3-15 可以看到，对数据绑定进行简单的变换就彻底改变了图表的设计。

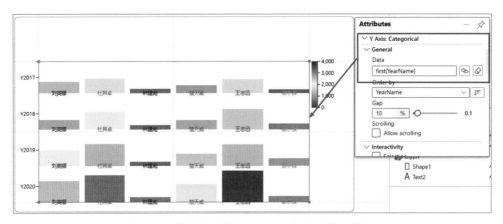

图 3-15 将分类字段"YearName"绑定到 Y 轴上

矩形图标的高度和颜色仍然表示数值的大小，并且文本标记仍然被绑定在矩形底部。然而，现在每一年的数据都在图表中横向显示。

> **备注**：为了让图表布局更加简洁，在图 3-15 所示的图表中删除了在 3.2 节中创建的显示销量数据的文本标记。

现在我们了解了将分类字段绑定到轴上的效果，那么把数值字段"Numerical"绑定到 Y 轴上又会如何呢——结果是图表变得不再具有可读性，如图 3-16 所示。

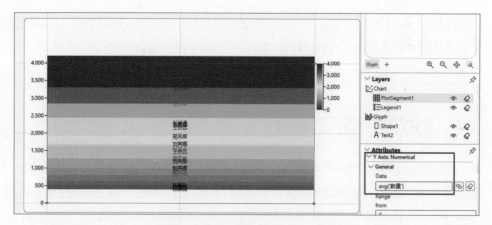

图 3-16　将数值字段绑定到 Y 轴上的效果

　　在我们完全理解 Charticulater 的绘图原理之前，会时不时地在图表设计过程中遇到意外的情况——图 3-16 就是这样的例子。这是又一个需要我们研究的课题，答案会在第 4 章中揭晓。

　　本章的最后一节会介绍另一个绑定数据的案例。这个案例基于一张新的图表，从中我们可以学习如何把分类数据绑定到图符（Icons）上，进而将图片文件与分类数据绑定并显示在图表上。

3.5　将数据绑定到图符上

　　第 2 章介绍了如何把图符添加到"Glyph"（图标）窗格中，并且图符还可以起到与符号相同的作用，比如用于设计折线图或散点图（第 4 章会介绍如何构建这些图表）。可以将图片文件绑定到图符的"Image"（图片）属性上以创建在图标上显示的图片。采用类似 2.3 节介绍的按数值调整符号大小的方式，我们也能够通过将数值字段绑定到"Size"（大小）属性上以根据数值调整图片的尺寸。

　　还有一种方法：把分类数据绑定到图符的"Image"（图片）属性上，然后将图片文件与每个类别绑定。如图 3-17 所示，在图表中代表每个省市的图片被绑定到各自的图符上。

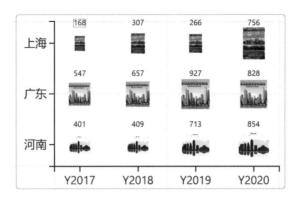

图 3-17　将图片绑定到每个类别上后图符标记呈现的效果

为了构建这张图表，本例使用了如图 3-18 所示的数据，以及一些要与图符绑定的图片文件。

YearName	省份	数量
Y2017	上海	168
Y2017	广东	547
Y2017	河南	401
Y2018	上海	307
Y2018	广东	657
Y2018	河南	409
Y2019	上海	266
Y2019	广东	927
Y2019	河南	713
Y2020	上海	756
Y2020	广东	828
Y2020	河南	854

Main
12 rows, 3 columns

图 3-18　本例数据预览

首先把"YearName"字段绑定到 X 轴上，把"省市"字段绑定至 Y 轴上，之后会相应地生成具有两个分类轴的"矩阵"样式图表（该类图表是第 6 章介绍的主题）。接下来在"Glyph"（图标）窗格中放置一个图符，并将分类字段"省份"与图符的"Image"（图片）属性绑定。现在可以将图片文件绑定到每个类别上，单击"Image"（图片）属性，然后将图片映射到每个类别，如图 3-19 所示。

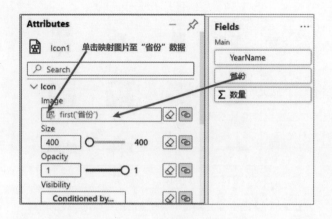

图 3-19　将图片文件与每个类别绑定

　　大功告成！现在你已经可以在 Power BI 中设计出默认视觉对象无法实现的可视化效果了。希望你再接再厉！

　　在本章中，你学到了将数据、图标与绘图区中的各种属性进行绑定可以使你在 Charticulator 中以各种方式灵活地绘图，并以不同的方式呈现数据。你会感受到使用 Charticulator 进行可视化设计与常规的可视化设计套路是相悖的——你首先确定需要呈现哪些数据，然后围绕这些数据开展可视化设计；而在常规的 Power BI 可视化设计中你必须要先选择一个视觉对象，继而以受限制的方式添加数据。

　　不过，我们还需要解决类似图 3-16 所示的可视化呈现问题：为何将数值字段绑定到 Y 轴上却生成了一张杂乱无章的图表？让我们在第 4 章的学习中寻找答案吧。

第 **4** 章

使用符号

到目前为止，我们一直在"Glyph"（图标）窗格中使用矩形，并且只创建了柱形图表。本章会介绍如何创建"点"状图表，如折线图和散点图，并学习如何在图表设计中使用"Symbol"（符号），如图 4-1 所示。

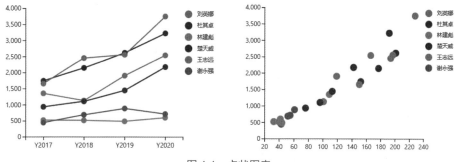

图 4-1　点状图表

2.3 节介绍了如何把"Symbol"（符号）添加到"Glyph"（图标）窗格中，我们要基于图 4-2 学习绘制折线图和散点图。

在图 4-2 所示的图表中已经添加了数值图例，在"Glyph"（图标）窗格中把矩形替换为圆形符号后效果如图 4-3 所示。但此时圆形符号与左侧的数值图例（译者注：左侧的数值图例即 Y 轴刻度）并无关联。

要弄清为何数值图例没有与销量数据对应，就得理解 Charticulator 中的数值图例（即图 4-3 中的 Y 轴刻度）与我们需要的数值轴之间有着本质的区别。虽然它们被添加到图表中时看起来一样，但在概念上完全不同，对图表的布局也会产生不同的效果。让我们通过 4.1 和 4.2 节的学习来了解数值图例和数值轴的区别。

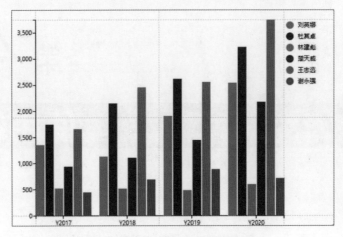

图 4-2　带数值图例的簇状柱形图表

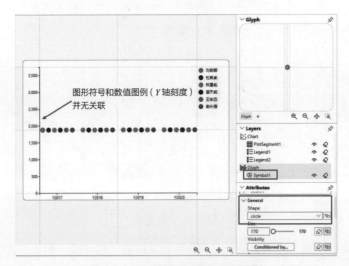

图 4-3　图形符号与数值图例无关联

4.1　数值图例

在用 Power BI 或 Excel 生成的图表中，无论是柱形图还是点状图，数值轴都用于定义图表上绘制的数值字段的大小。然而，当我们在 Charticulator 中创建柱形图时，却是通过创建一个图例作为数值轴的。

在第 2 章中我们学习了把数值字段（"数量"）与矩形的"Height"（高度）属性绑定，从而可以在图表中绘制出大小各异的矩形。为此，Charticulator 在"Scales"（刻度/色阶）窗格中创建了一个"Scale 1"（刻度 1）选项来映射"数量"字段的值，其范围为从 0 到该字段的最大值（在本例的"数量"字段中，最大值为 2020 年销售经理王志远的销量 3752 件）。数值图例的作用在于将数值字段的值映射到矩形的高度上，事实上，数值图例的值也是无法由用户自行编辑的。在 Charticulator 中是否添加数值图例完全可以根据用户的需求而定，即便从图表中删除了数值图例也不会对图表的整体结构造成影响。

当使用符号替换矩形图标时，因为符号的各项属性并没有类似矩形图标的"Height"（高度）属性可以与数值字段进行绑定，所以，虽然在图表中绘制出了圆形符号，但这些符号都是被水平排布在中间位置的。左侧的数值图例完全是多余的且会对我们正确理解图表造成影响。

4.2　数值轴

如果删除图 4-3 中的数值图例并创建一个数值轴，图表就可以正常显示数据了，圆形符号排列的位置对应每位销售经理在各个年度的销量。把"数量"字段与"Attributes"（属性）窗格中"Plot Segment"（绘图区）的 Y 轴的"Data"（数据）属性绑定就可以创建数值 Y 轴，也可以直接将字段拖曳到画布上的 Y 轴上，如图 4-4 所示。

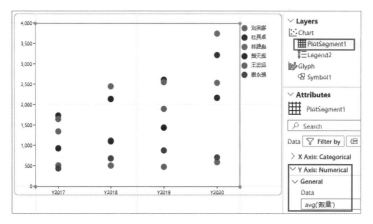

图 4-4　圆形符号是根据绑定到数值轴的"数量"字段上绘制的

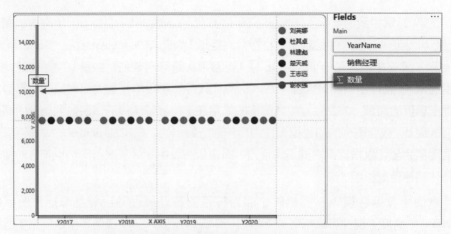

图 4-4　圆形符号是根据绑定到数值轴的"数量"字段绘制的（续）

在包含数值轴的图表中使用符号时，一切都很正常，但当使用矩形等二维形状作为图标时，图表就会显得奇怪。下面尝试在"Glyph"（图标）窗格中的圆形符号前添加一个矩形。在"Layers"（图层）窗格中通过拖曳"Symbol1"（符号 1）和"Shape1"（形状 1）对象调整符号到矩形的下方。然后将分类字段"销售经理"与"Shape1"（形状 1）的"Fill"（填充）属性绑定，如图 4-5 所示。

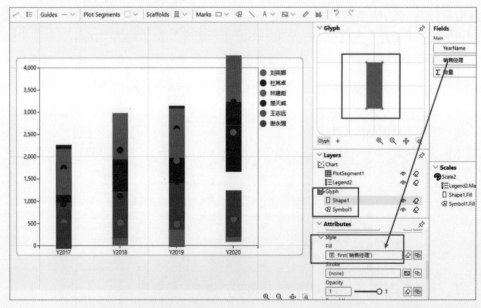

图 4-5　在"Glyph"（图标）窗格中添加矩形，注意在"Layers"（图层）窗格中"Shape1"（形状 1）和"Symbol1"（符号 1）的先后顺序

在 Charticulator 中，符号和形状的绘图方式是一样的——它们都是根据数值轴上的数值来绘制的，即它们的中心点对应 X 轴上的年份和 Y 轴上的数值。因为矩形默认的尺寸比原点大，所以代表各个类别的矩形不可避免地会在图表中发生重叠。例如，对应 2019 年 6 位销售经理的 6 个矩形都叠在了一起。可以调整"Attributes"（属性）窗格中的"Height"（高度）和"Width"（宽度）属性的值，比如把值设为 10，这么做等同于把矩形缩小，变为数据点，如此图表就看起来更加自然，如图 4-6 所示。

> **注意**：在图表中，一旦因为使用了数值轴导致图标元素重叠，即使移除了绑定到数值轴上的字段，图标也不会自行重置——它们还是会叠在一起，需要通过重置"sub-layout"（子布局）来解决。在第 5 章中会详细介绍具体操作。

现在来看一下"Glyph"（图标）窗格中的图标，你会注意到虽然调整了矩形的大小，但矩形标记和圆形符号仍被限定在窗格的引导线以内。

要注意，把数值字段与绘图区的 Y 轴属性绑定并不会在"Scales"（刻度/色阶）窗格中生成刻度项，因为此时是数值轴决定了图标在图表中的布局，所以也就不需要刻度项来把数据映射给图标进行定位。

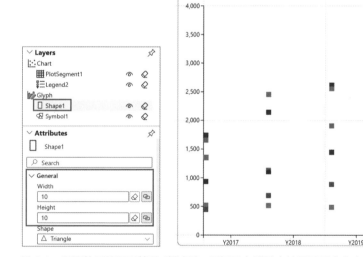

图 4-6　经调整后的圆形符号（译者注：因矩形在图层中被置于圆点之上，故在此图表中看不到圆点）和矩形标记

> **备注**：在本节中数次提到了将数据与"Plot Segment"（绘图区）的属性绑定，第 5 章会对绘图区做详细介绍。

对于数值图例与数值轴，目前看来它们还无法在图表中共存。可以在柱形图或条形图中使用数值图例，或在点状图中用数值轴。在后面的内容中会介绍如何突破绘图的局限性。就目前所学到的技巧而言，如果想用到数值轴，那么必须配合符号来完成绘图。

4.3　创建折线图

现在你应该已经知道得把数值字段绑定到"Plot Segment"（绘图区）的 *X* 轴或 *Y* 轴属性上才能让图表中绘制的符号正确排布。如图 4-4 上半部分所示，"Glyph"（图标）窗格中有一个圆形符号。但图表看起来仍让人难以理解——这是因为符号重叠导致我们很难分辨它们。让我们尝试用一条线连接每位销售经理的销量数据，即构建一幅折线图。单击左侧工具栏上的"Link"（连接）按钮，然后在弹出的下拉列表中选择"销售经理"字段并单击"Create Links"（创建连接）按钮。可以在"Link1"（连接 1）属性中设置线条的格式，增加线条的宽度，并在"Type"（线型）属性中选择"Bezier"（曲线）。这几步简单的操作就让这幅折线图实现了 Power BI 的原生视觉对象难以实现的平滑效果，如图 4-7 所示。

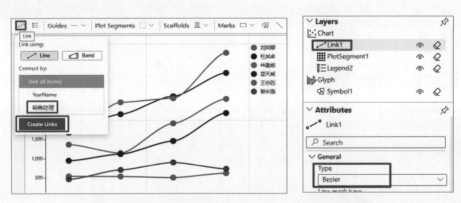

图 4-7　通过工具栏上的"Link"（连接）按钮创建折线图

4.4　创建散点图/气泡图

要创建散点图/气泡图，则需要在图表中添加数值字段"订单 ID"，并将其聚合方式选为"非重复项计数"[Count (Distinct)]，或者添加度量值 DISTINCTCOUNT('

订单'[订单 ID])。

接着删除绘图区中与 *X* 轴绑定的分类字段"YearName"，并用之前添加的数值字段"Count of 订单 ID"与 *X* 轴绑定，如图 4-8 所示。如果要将散点图转换为气泡图，就再把第三个数值字段绑定到符号的"Size"（大小）属性上，图表中的圆点就会呈现出大小各异的效果了。

美中不足的是，在图表里还未插入 *X* 轴和 *Y* 轴标题让用户知道轴上的数值的意义，在本书第 10 章中会继续深入介绍制作轴标题。现在你已经了解了在 Charticulator 中数值轴与数值图例的用法，以及它们在构图中的不同作用。初学者需要不断地练习和体会本节内容，一旦能够将其熟练运用就能加深对 Charticulator 的认识。

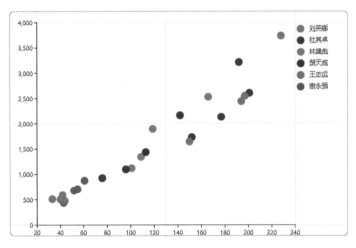

图 4-8　绘制散点图/气泡图需要两个数值轴

折线图、散点图和气泡图就介绍到这里，第 5 章会开启 Charticulator 的平面绘图区的学习之旅，你将学到如何创建水平样式条形图等各种技巧。

第 5 章

平面绘图区

第 4 章介绍了如何在"Glyph"（图标）窗格中应用符号创建折线图，以及把数值字段绑定到绘图区的 Y 轴上来决定图标在图表中的排布。本章会介绍更多有关制图的技巧，这里会用图 5-1 所示的这张图标水平排布、数值图例沿 X 轴垂直排列的簇状条形图作为一个引子，让你认识更多的关于 Charticulator 的特性。

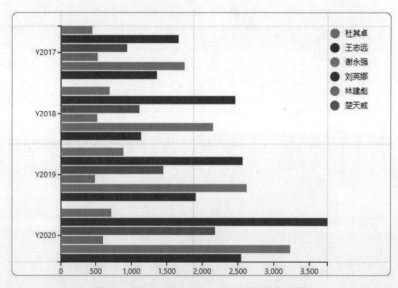

图 5-1　用 Charticulator 绘制的簇状条形图

在创建簇状条形图之前我们要先知道 Charticulator 的一个关键特性——Plot Segment（绘图区）的属性决定了图表的布局。在 Charticulator 中有两种不同类型的绘图区，即 2D Region Plot Segments（平面绘图区）和 Line Plot Segments（线条绘图区）。本章内容会限定于前者，即平面绘图区（线条绘图区会在第 16 章介绍），并逐一介绍该类图表元素的各属性。你将了解到绘图区的子布局决定了生成的图表类型——柱形图、条形图、矩阵图等。你还会学到如何管理图表设计中的其他元素：图标的间距、排序和对齐，以及设置轴标签和记号的格式。

你可以把 Charticulator 的平面绘图区看作传统图表中的"绘图区"。在"Layer"（图层）窗格中单击"PlotSegment1（绘图区 1）"按钮后就选中了图表中的绘图区。绘图区工具栏显示在其上方，如图 5-2 所示。

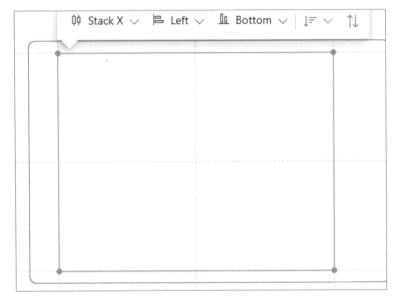

图 5-2　平面绘图区及其工具栏

在前面的章节里已经介绍了把字段绑定到绘图区的 X 轴和 Y 轴上产生的效果，以及如何控制图表中图标的布局。例如，在 3.2 节介绍了将分类字段绑定到 X 轴上后会根据该字段沿 X 轴对图标进行分类；在 4.2 节介绍了将一个数值字段绑定到 Y 轴上就能生成数值轴，该数值轴决定了图表中图标的布局，矩形图标不再沿 X 轴水平整齐排列，如图 4-5 所示。

哪些字段与绘图区的 X 轴和 Y 轴绑定了是影响图表布局的首要因素，这为后续的绘图定下了主要基调。除此以外，还有 6 种子布局类型会影响图标的布局，它们决定了最终展现的是柱形图还是条形图——图标是堆积的、簇状的还是以一个整体呈现的等。子布局属性使用户能够创建条形图及其他样式的图表。因为子布局是基于已

经绑定到 X 轴和 Y 轴上的字段形成的图表框架来进一步搭建图表元素及其构成的，所以已经与 X 轴和 Y 轴上绑定的字段有着最高优先级——这意味着在特定的情况下，子布局会受到被绑定到轴上的字段的影响。例如，即使子布局采用"Stack X（X 轴堆叠）而非"Grid"（网格）布局，但因为其分类轴字段与具有更高优先级的分类轴字段不同，就会导致设计出的图表呈现网格布局。

在本章会介绍与 X 轴和 Y 轴绑定的字段、子布局，以及绘图区的属性这三者共同决定了用户能设计出何种样式的图表。

5.1 创建平面绘图区

单击工具栏上的"Plot Segments"（绘图区）按钮，在弹出的下拉列表中选择"2D Region"（平面区域）选项并在画布上创建平面绘图区。请确保绘图区在画布四周的引导线范围以内，如图 5-3 所示。如果绘图区的 4 个角均呈现为绿色圆点，就意味着操作正确。

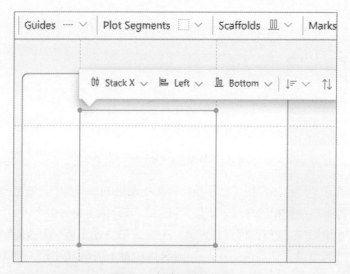

图 5-3　创建平面绘图区

绘制完成后，"Layer"（图层）窗格中的"Chart"（图表）图层内就会自动生成相应的平面绘图区图层。

5.2 使用绘图区子布局

如果图表的布局由绑定到轴上的字段（无论是分类字段还是数值字段）决定，并且受应用的子布局影响，那么这两种影响因素组合起来会让图表效果变得不可控，并且很容易让用户不知道如何进行设计。让我们先从一个简单的例子开始，了解子布局是如何对图表产生影响的。初始图表中只包含基本的矩形图标，没有将字段绑定到轴上。接下来会把分类字段绑定到轴上，对比不同类型的子布局呈现的效果。最后，使用数值轴的符号元素进一步探索其对子布局的影响。

本示例中使用的图表如图 5-4 所示，其中分类字段"销售经理"与矩形图标的"Fill"（填充）属性绑定，以便我们可以在更改布局时进行区分。

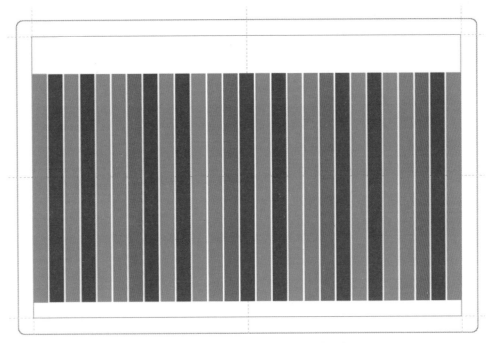

图 5-4 没有将字段绑定到轴上的简单图表

在"Layer"（图层）窗格中选中"PlotSegment1（绘图区 1）"选项后就可以在"Attributes"（属性）窗格中查看和编辑"Sub-layout"（子布局）属性了。选择绘图区工具栏上的"Stack X"（X 轴堆叠）下拉列表里的选项可以实现同样的目的，如图 5-5 所示。

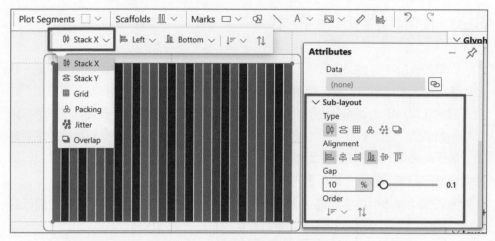

图 5-5　Charticulator 图表的子布局

默认子布局为"Stack X"（X 轴堆叠），还可以选择其他的 5 种类型：

- Stack Y（Y 轴堆叠）
- Grid（网格）
- Packing（填充）
- Jitter（抖点）
- Overlap（重叠）

下面依次介绍这些子布局的种类。

5.2.1　X 轴堆叠子布局

使用了 X 轴堆叠子布局的图标将沿 X 轴垂直堆叠，并按数据集的首个字段的值或视觉对象标题右上角的"Option"（选项）中指定的字段排序。在本例中，"YearName"（年份名称）是第一个字段，所以图表按该字段排序展示。你可以尝试将"销售经理"作为首个字段来对比图表的变化情况，如图 5-6 所示。

可以单击"Option（选项）"按钮，在弹出的下拉列表里更改字段的排序顺序，因为目前还没有字段与 X 轴绑定，因此图标的排序不受任何 X 轴分组的限制。

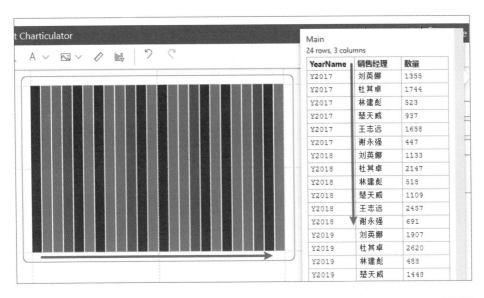

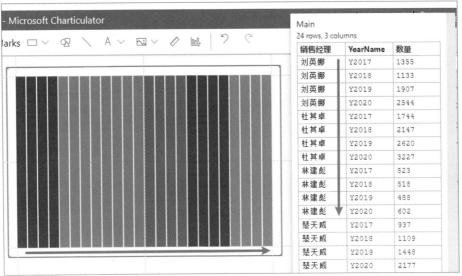

图 5-6　没有分类轴或数值轴的 X 轴堆叠子布局根据字段的顺序对图标进行排序

1. 按 X 轴分类的 X 轴堆叠

将分类字段 "YearName"（年份名称）绑定到绘图区的 X 轴上，图表布局会相应地变为按图标进行分组，因为轴分类在布局中有最高优先级，故 "Fields"（字段）窗格中的字段顺序不再作为排序依据，如图 5-7 所示。

一旦将分类字段绑定到轴上后，其将作为每个类别的图标在图表中的排序依据。

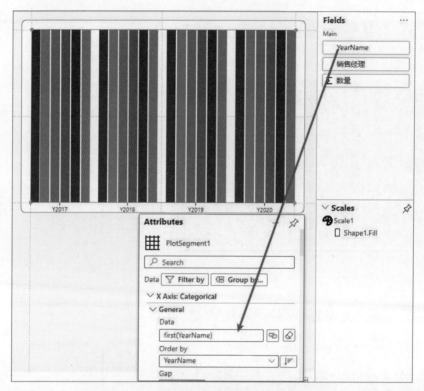

图 5-7　将分类字段绑定到 X 轴上会更改图表布局

2. 按 Y 轴分类的 X 轴堆叠

接着尝试把"YearName"（年份名称）字段绑定到 Y 轴上，此时每位销售经理的图标仍然并排堆叠，但不再沿 X 轴而是沿 Y 轴按年份分类，如图 5-8 所示。

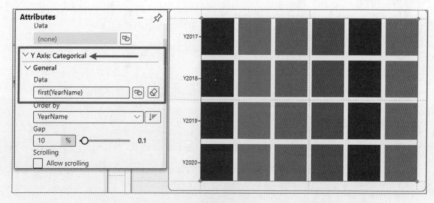

图 5-8　将分类字段绑定到 Y 轴上也会更改图表布局

再把"数量"字段拖曳到图标的"Width"（宽度）属性中[也可以直接把字段拖曳到"Glyph"（图标）窗格的"Width"（宽度）属性来实现这一点]，此时图表会更深入地展现数据。事实上，此时我们已经创建了一个堆积条形图，如图 5-9 所示。

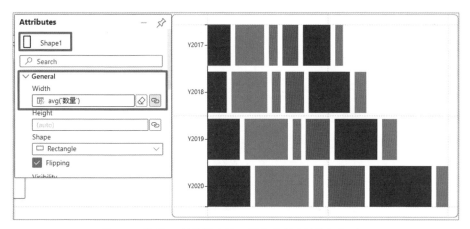

图 5-9　使用 Y 轴堆叠和按 Y 轴分类创建的堆积条形图

此处把字段绑定到"Width"（宽度）属性上的操作有助于增强图表的可读性。

5.2.2　Y 轴堆叠子布局

在图 5-4 所示的图表中没有将字段绑定到 X 轴或 Y 轴上，基于这张图表应用"Y Stack"（Y 轴堆叠）子布局，可以看到图标沿 Y 轴自上而下地水平堆叠，如图 5-10 所示。

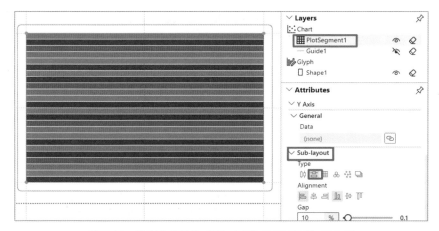

图 5-10　没有分类轴的"Stack Y"（Y 轴堆叠）子布局

对于本章将要构建的簇状条形图，图 5-10 所示的图表已经是一个框架了，它的图标在正确的方向上对齐了。

1. 按 Y 轴分类的 Y 轴堆叠

接着将分类字段"YearName"绑定到 Y 轴上，然后将数值字段"数量"绑定到矩形的"Width"（宽度）属性上[注意，不是像构建柱形图那样绑定到"Height"（高度）属性上]就能得到簇状条形图了。然而图表中还需要一项关键要素——在 X 轴上添加数值图例反映条形的长度，具体操作在接下来的内容中会介绍。

2. 添加 X 轴数值图例

你或许还记得在第 1 章创建柱形图时我们使用了顶部工具栏上的"Legend（图例）"选项在 Y 轴上生成数值图例（参考 1.2.3 节，见图 1-17），类似地，我们也要在本例中在 X 轴上添加数值图例。但是你会发现依样画葫芦地直接使用工具栏上的"Legend"（图例）选项添加的数值图例还是出现在了 Y 轴上而非 X 轴上，因为使用此方法添加的数值图例仅适用于 Y 轴。因此，必须要在"Scales"（刻度/色阶）窗格中选择"Shape1.Width（ 形状 1.宽度 ）"选项，然后在弹出的对话框中单击"Add Legend"（添加图例）按钮，如图 5-11 所示。

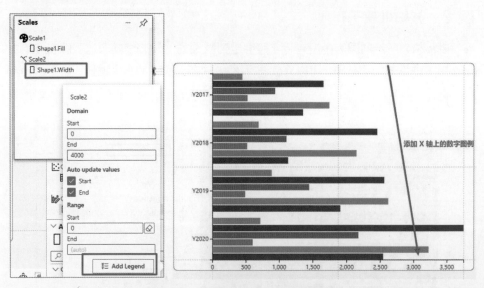

图 5-11　在 X 轴上添加了数值图例

至此，我们顺利地创建了一个簇状条形图。即便已经取得可喜的进步，但是，目前我们对于子布局的认识还仅仅是冰山一角。继续进入下面的学习吧。

3. 按 X 轴分类的 Y 轴堆叠

下面的操作再次基于图 5-4 所示的那张未将任何字段绑定到轴上的图表，首先应用"Stack Y"（Y 轴堆叠）子布局，再将"YearName"字段绑定到 X 轴上，并将"数量"字段绑定到图标的"Height"（高度）属性上。因为绑定到 X 轴上的类别具有更高的优先级，所以现在图标沿 X 轴按年分类排列，对应每位销售经理的矩形图标堆叠在轴上方，生成了堆积柱形图，如图 5-12 所示。

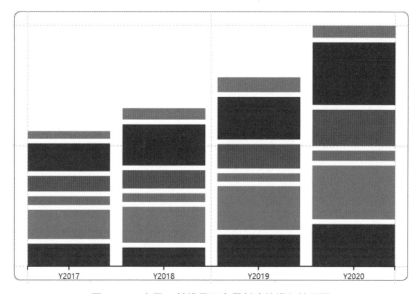

图 5-12　应用 Y 轴堆叠子布局创建的堆积柱形图

现在你可能仍然分不清不同的 X 轴堆叠和 Y 轴堆叠子布局组合的图表效果。别担心，图 5-13 可以帮助你更直观地对比和理解各种子布局组合的图表效果。

了解堆叠子布局能够帮你创建堆积和簇状条形图/柱形图。每当需要使用两个分类字段（如本例中的"YearName"和"销售经理"）创建图表进行分析时，你就可以运用本节介绍的技巧，得心应手地绘制图表了。下面会介绍在只有单个类别（分类字段）的情形下应用这两种子布局的技巧。

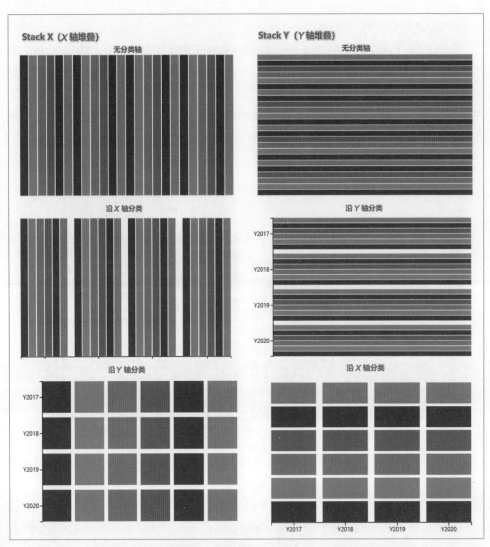

图 5-13　X 轴堆叠和 Y 轴堆叠子布局的不同组合的图表效果

4. 单个类别的 X 轴堆叠和 Y 轴堆叠

在本节的示例中只使用了两个字段——分类字段"销售经理"和数值字段"数量"。先用矩形图标创建图表，然后把"销售经理"字段绑定到矩形形状的"Fill"（填充）属性和绘图区的 X 轴属性上。默认的子布局采用"X Stack"（X 轴堆叠）。请注意，因为图表的主体布局已经被 X 轴绑定的字段（"销售经理"）定义，所以，此时即使在子布局中应用"Stack Y"（Y 轴堆叠）也不会对图表的布局产生影响，如图 5-14 所示。

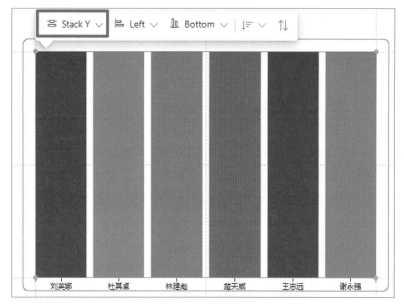

图 5-14　X 轴绑定分类字段确定了图表的主体布局

让我们通过一个例子来学习在只有单个类别分类字段时，把分类字段绑定到轴上对图表的影响。请看图 5-15，矩形图标在垂直方向堆叠，它们的高度代表了销售经理们的销量数据，该图表中只有一个类别"销售经理"。请想一想如何制作出这份图表？它看起来很简单，但其中蕴含了子布局与分类轴的关键技巧。

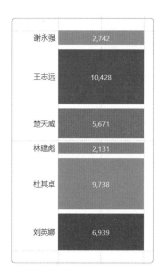

图 5-15　只有一个类别"销售经理"的堆积柱形图

下面按部就班地开始：在"Glyph"（图标）窗格中创建矩形图标，把数值字段"数量"绑定到矩形的"Height"（高度）属性上，再将分类字段"销售经理"绑定到"Fill"（填充）属性上，随后应用"PlotSegment1"（绘图区 1）的"Y Stack"（Y轴堆叠）子布局。通过在画布上向内拖曳引导线可以增加画布的左、右边距，缩小图表的宽度。经过一系列的操作后看似就要大功告成了……

接着将分类字段"销售经理"绑定到 Y轴上以标记类别，图表样式由图 5-16 中左侧的样式变为类似右侧的样式，但看起来很奇怪——原因是绑定到 Y轴上的分类字段决定了图表的主体布局，类别（译者注：此处类别为 Y轴上的销售经理）标签之间的间距应该是相等的，但是经过一系列操作后，沿 Y轴排布的矩形之间的间距并非相等。

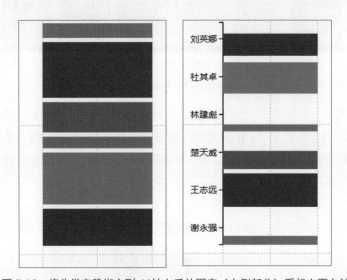

图 5-16　将分类字段绑定到 Y轴上后的图表（右侧部分）看起来不自然

下面把图表还原至绑定"销售经理"字段到 Y轴之前的状态。该怎样为图表左侧的类别生成标签，同时又不影响图标排布的视觉效果呢？请参考 2.4 节，在"Glyph"（图标）窗格中的矩形标记的左侧附加文本标记，并将分类字段绑定到此文本标记的"Text"（文本）属性上。最后在矩形内部添加另一个文本标记以显示销量数据，丰富图表的信息，如图 5-15 所示。

这个示例实实在在体现了在 Charticulator 中将分类字段绑定到轴上的方法不能"一招鲜吃遍天"。运用适当的技巧可以更好地呈现图表——即使没有把字段绑定到 X轴或 Y轴上。

5.2.3　网格子布局

Grid（网格）可能是一种最具挑战性的子布局。与其他子布局一样，它在将字段绑定到轴、单个分类轴、两个分类轴上这 3 种情形下呈现的效果具有很大的差异。请始终牢记：对于图表的布局，轴上绑定的字段始终优先于子布局的设定。Charticulator会自适应地按排列的图标数量调整网格的尺寸和排列方式。此外，网格布局还具有目标、方向和计数属性，这些属性会以意想不到的各种方式组合搭配，你还会发现网格子布局的其他特性也同样让你充满惊喜。下面仍旧从图 5-4 所示的这张最基本的图表开始介绍，先应用网格子布局，如图 5-17 所示。

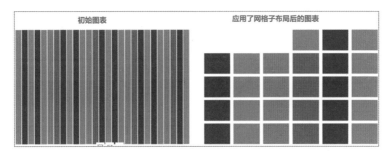

图 5-17　应用网格子布局前后的图表样式

网格子布局看起来非常类似于按 *Y* 轴分类的 *X* 轴堆叠子布局（见图 5-8），但它们仍有本质的不同——因为在此处的网格子布局中没有将字段绑定到轴上，所以子布局的设置可以决定图表的布局形式。图 5-18 所示的是一幅完全由网格子布局的设置决定图表布局的图表，其中使用了渐变色填充和文本标记来显示需要分析展现的数据。

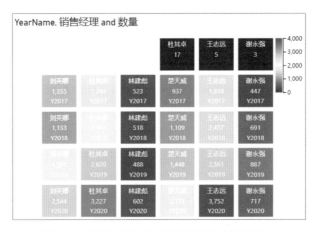

图 5-18　使用网格子布局无须将字段绑定到轴上

可以使用绘图区工具栏上的一些选项来重新排列网格子布局中的图标，如图 5-19 所示。

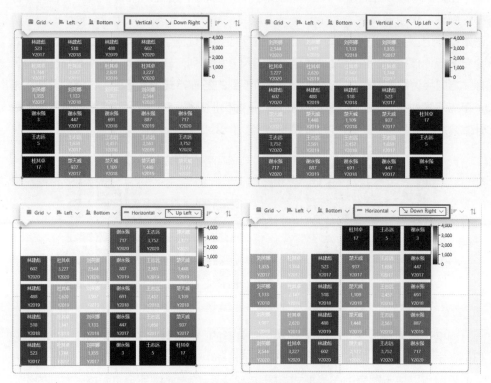

图 5-19　网格子布局的各种效果展示

在绘图区的属性窗格的"Sub-layout"（子布局）选项里，不仅可以找到图 5-19 所示的工具栏中的那些项目，还会有其他发现：比如有一个"Count"（计数）选项控制每个网格中的图标数量。你不妨多加一些分类字段到图表中，并使用 Charticulator 的网格子布局先自行探索一番。

同时也请你思考一下：在 Power BI 中，具有类似网格结构可视化效果的是 Matrix（矩阵）图。它的每一个值所在的单元格只能容纳单个字段或度量值，无法容纳多个值、文本或形状。能否用 Power BI 自带的矩阵图实现如图 5-18 所示的效果呢？结果可以参考图 5-20，因为 Power BI 的矩阵图受到传统笛卡儿网格布局[译者注：笛卡儿网格由与笛卡儿坐标轴对齐的正方形（在三维中则是立方体）组成，这里可以简单地将其理解为二维平面直角坐标系]的限制，所以每一个值必须同时提供行和列上的分类字段作为标签，而 Charticulator 不受此限制。

图 5-20　Power BI 的矩阵图需要设置行和列标签

综上所述，网格子布局非常适合用于实现矩阵样式的视觉效果，又兼具设计上的灵活性。

5.2.4　填充子布局

如果在 X 轴或 Y 轴上没有绑定字段，则应用 Packing（填充）子布局会将图标填充在画布中央。必须牢记一点：填充子布局是作用于绘图区已有的子布局设定之上的。因此，如果在图 5-4 所示的这张以矩形标记作为图标，并应用了 X 轴堆叠子布局的基础图表之上，再对其应用填充子布局，则图表布局会变得杂乱无章。但是，如果你在与图 5-4 同样的基础图表上先应用网格子布局，再应用填充子布局，则效果就会好很多——把数值字段"数量"绑定到矩形标记的高度和宽度属性上后，图表的可读性更好，如图 5-21 所示。

总之，填充子布局与在"Size"（大小）属性中绑定了数值字段的圆形符号搭配使用效果尤佳。下面绘制出云朵图，进一步把分类字段绑定到 X 轴上又能生成簇状样式的图表，如图 5-22 所示。此外，如果使用了符号，就无须像图 5-21 所示的那样先应用网格子布局再应用填充子布局，此时可以直接应用填充子布局。

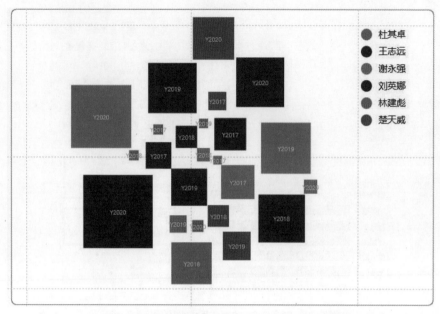

图 5-21　应用于网格子布局基础之上的填充子布局效果

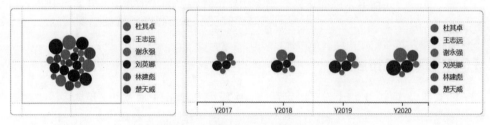

图 5-22　在填充子布局上使用圆形符号

填充子布局与数值轴搭配使用效果也相当不错。在使用数值轴时默认采用的是 Overlap（重叠）子布局（在 5.2.6 节会对重叠子布局进行详细介绍），可以将子布局改为填充子布局，得到如图 5-23 所示的可视化效果。此时图表中新增加了分类字段"省份"。然后将"YearName"字段绑定到 X 轴上，将"数量"字段绑定到 Y 轴上，再将"数量"也绑定到符号的"Size"（大小）属性上。

这样的图表对于我们观测异常值很有帮助。销售经理王志远在 2018—2020 年的销售业绩遥遥领先，是什么原因让他有如此优异的表现呢？

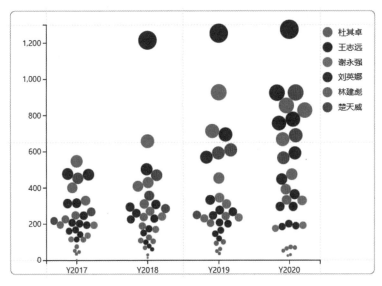

图 5-23　使用了符号和数值轴的图表应用填充子布局的效果

5.2.5　抖点子布局

Jitter（抖点）子布局可用于展示数据点的密度，当有许多数据点要绘制并且在"Glyph"（图标）窗格中添加了符号时，搭配使用抖点子布局效果会很好。下面创建一张全新的图表，其中包含 4 个分类字段："Year"、"Month"、"销售经理"和"城市"，以及一个数值字段"数量"。

> **备注**：在 Charticulator 界面中单击"Save"（保存）按钮后，图表会自动按月份顺序排序：January，February，March…（一月，二月，三月……）。另外，还要将"Year"和"Month"的字段类型改为"categorical"（类别）（译者注：参考 1.2.3 节）。

在"Glyph"（图标）窗格中添加一个"Symbol"（符号），并将"Year"字段与符号的"Fill"（填充）属性绑定。如果想了解销量主要集中在每年的几月份，那么接着把"Year"字段绑定到 X 轴上，把"Month"字段绑定到 Y 轴上，这样就生成了两个分类轴。在本章开篇中已经强调过绑定了字段的轴决定图表的主体布局，所以，此时在使用默认的 X 轴堆叠子布局后，每年的每个月的符号都并排堆叠，我们从中还看不出太多有意义的信息。在应用抖点子布局后，我们就可以看到 2020 年 9 月的销量数据点明显不如当年 5 月的销量数据点稠密，如图 5-24 所示。

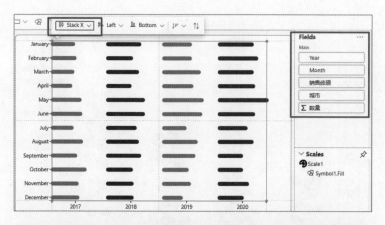

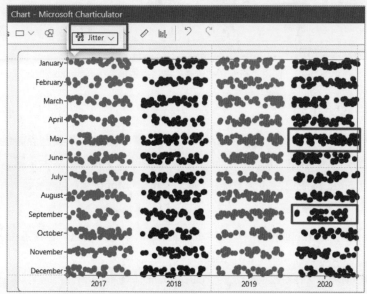

图 5-24　抖点子布局与 X 轴堆叠子布局的可视化效果对比

在本例中，虽然符号有其对应的类别和数据，但是抖点子布局的数据点的排布是随机的，这是抖点图的特性。

5.2.6　重叠子布局

当将数值字段绑定到 X 轴或 Y 轴上生成数值轴时，图表会使用 Overlap（重叠）子布局，同时，Charticulator 会根据分类轴上的类别绘制图标。例如，在某一年，不同的销售经理恰好完成接近或者同样的销量，在这种情况下，图表上的图标就会重叠在一块。正如 4.2 节在介绍数值轴和数值图例之间的差异时，如果使用的是数值轴，那么在"Glyph"（图标）窗格中使用符号就可以创建如图 5-25 所示的应用了重叠子布局的图表。

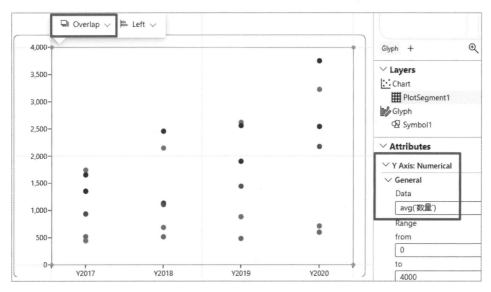

图 5-25　使用数值轴（译者注：即绑定了数值字段到轴），Charticulator 将自动启用重叠子布局

如果删除了绑定到轴上的数值字段，则重叠子布局不会恢复成默认的 X 轴堆叠子布局，仍然保持为图表中的子布局。这也许会对你造成困扰。如果在"Glyph"（图标）窗格中创建了矩形标记并应用到了设置重叠子布局的图表上，那么删除绑定到轴上的数值字段后，所有矩形会在图表上重叠。而你还会纳闷其余的图标为何没有在图表上正常显示。这一点在使用重叠子布局的时候尤其要当心，即便是 Charticulator 的资深用户也很容易疏忽。

至此，对于 Charticulator 的子布局的介绍就告一段落了。你可以在 X 轴和 Y 轴都绑定了字段且图表主体框架确定的基础之上，再充分利用不同子布局的特点进行图表设计。

在 5.3 节中会介绍平面绘图区的其他属性，比如对轴标签进行排序、调整图标之间的间距等。尽管这些都是一些常规的属性，但与普通的 Power BI 图表相比，Charticulator 在排序、间距和对齐设置方面更加灵活。

本节介绍了绘图区工具栏中的子布局选项，下面会介绍其他内容：图表的对齐（水平和垂直）及排序，如图 5-26 所示。

图 5-26　工具栏中的其他选项

间距、格式化图标和轴标签等选项都可以在"Attributes"（属性）窗格中找到。

5.3　对图标和标签进行排序

本节会介绍与绘图区的图标排序有关的属性。将 Charticulator 中的排序功能和 Power BI 的原生图表的排序功能进行比对，你可以更好地理解 Charticulator 如何处理排序，从而设计出图文并茂的可视化效果。通过本节的学习，你会了解到 Charticulator 是以一种完全不同的方式进行排序的，并且 Charticulator 在数据排序上给予了用户更多的掌控和手段。

5.3.1　对 Power BI 图表进行排序

图 5-27 所示的是 Power BI 的原生簇状柱形图，其中提供了基本的排序选项。

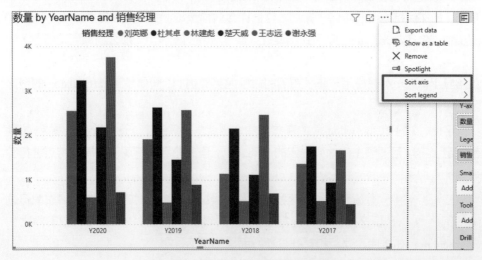

图 5-27　Power BI 的原生簇状柱形图

你也可以在簇状柱形图的 X 轴上使用层次结构[本例中使用了由"Year"（年份）

和"销售经理"字段组成的层次结构]，并将数据展开至最小的颗粒度，单击图表右上角"More options"（更多选项）按钮，并进行排序，如图 5-28 所示。

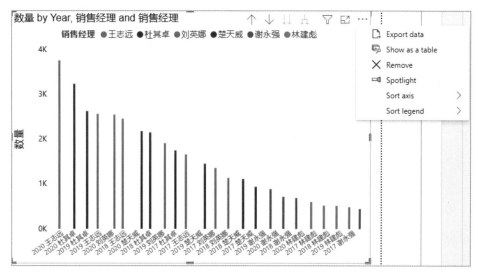

图 5-28　将包含层次结构的图表扩展到子类别做排序

在图 5-28 中，图表按"销售经理"分类着色以便进行区分，"More options"（更多选项）下拉列表中提供的排序选项由字段在 X-Axis（X 轴）上的顺序决定。想要更改类别的顺序，就需要更改 X 轴上字段的顺序，如图 5-29 所示。

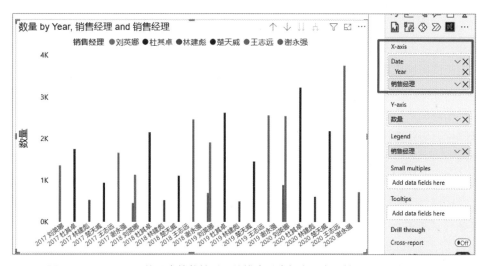

图 5-29　Power BI 的原生簇状柱形图的排序形式与字段在 x 轴上的先后位置有关

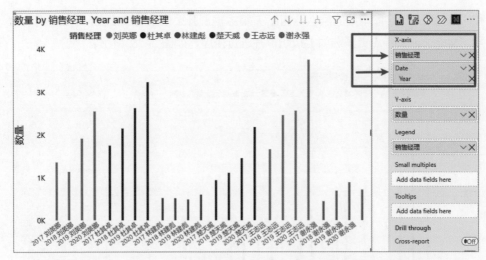

图 5-29　Power BI 的原生簇状柱形图的排序形式与字段在 X 轴上的先后位置有关（续）

这里有许多需要注意的地方。首先，对 Power BI 的原生视觉对象做排序必须使用层次结构并向下钻取。其次，不能按类别中的值排序。例如，这里无法按年度销量对销售经理"刘英娜"的销量进行排序（译者注：针对 X 轴上的字段顺序依次为"销售经理"和"Year"的情形）。

5.3.2　对 Charticulator 图表进行排序

在 5.3.1 节中介绍了 Power BI 中的排序选项是有限的。下面让我们看一看在 Charticulator 中是如何处理排序的。常规的方法与对其他 Power BI 视觉对象进行排序一样，即使用图表右上方的"More options"（更多选项）按钮。不过，Charticulator 还有自己的排序选项，其效果会覆盖 Power BI 的排序选项的排序效果。因此，最好使用 Charticulator 的排序选项进行排序。与 Power BI 不同的是：在 Power BI 中用户只能对类别或值进行排序，而在 Charticulator 中，用户可以按布局允许的任何组合对图标和轴标签进行排序。

5.3.3　对图标进行排序

如果 X 轴没有绑定字段，那么图标的排序由 Power BI 的默认排序选项决定。要重新排序图标，则可以单击绘图区工具栏上的排序按钮，也可以选中绘图区并在"Attributes"（属性）窗格中单击"Sub-layout"（子布局）选项下的"Order"（排序）按钮进行排序。用户可以按弹出的下拉列表中列出的任何字段进行排序，例如，按"数量"字段降序排序，如图 5-30 所示。

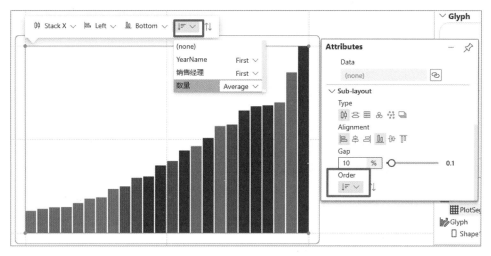

图 5-30　在 Charticulator 中对图标进行排序

将字段与 X 轴绑定后，图标的排序将受到该字段的限制。例如，把"YearName"字段绑定到 X 轴后，可以按每年每位销售经理的"数量"字段升序或降序排序（这是 Power BI 的原生视图无法做到的），如图 5-31 所示。

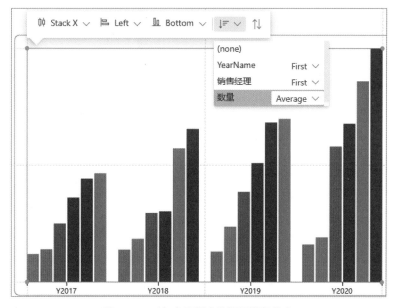

图 5-31　对每个类别中的图标进行排序

如果要按 X 轴的标签排序，例如在本例中按"YearName"字段降序排序，那么无法通过单击绘图区工具栏上的排序按钮直接实现——尽管排序按钮的下拉列表中列出了"YearName"字段。因为对 Charticulator 而言，这如同在 X 轴类别内进行排序，需要在"Attributes"（属性）窗格中调整"X Axis"（X 轴）属性（请参见 5.3.4 节内容）。

> **提示**：如果想按数值字段对轴进行排序，则请不要把分类字段绑定到轴上而是用文本标记在轴上标记类别。

关于图标排序的一个要点是：当将分类字段绑定到 X 轴或 Y 轴上时会令图标被限制在类别内进行排序。

5.3.4 对轴标签进行排序

要对 X 轴上的标签例如"YearName"字段进行排序，则需要使用绘图区的"Order by"（排序依据）属性。单击属性右侧的排序按钮，在打开的排序对话框中可以反向排序，还可以通过拖曳列表中的项目来创建自定义排序，如图 5-32 所示。

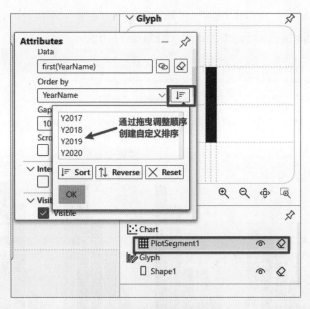

图 5-32 对轴标签进行排序

如果要在 Power BI 的原生图表中对 X 轴或 Y 轴标签进行自定义排序，就需要在数据集中使用按列排序功能，相比之下，使用 Charticulator 处理起来要简单许多。

5.4　调整图标和标签的间距

对于图表中元素的间距设置，我们可以再次对比 Power BI 和 Charticulator，相比之下后者提供的选项更加丰富。

5.4.1　在 Power BI 图表中调整间距

在 Power BI 中，调整"Format visual"（格式化视觉对象）选项下的"Inner padding"（内部填充）选项是改变间距的唯一方法，用户只能用这个方法来更改 X 轴标签的间距，而不能调整各个矩形的间距，如图 5-33 所示。

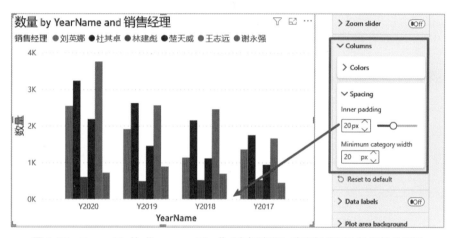

图 5-33　Power BI 的"Inner padding"（内部填充）选项仅能更改轴标签的间距

5.4.2　在 Charticulator 图表中调整间距

Charticulator 对于元素的间距设置提供了更多的选项。你可以更改两种间距：图标的间距和坐标轴标签的间距。

5.4.3　调整图标的间距

选中绘图区并在"Attributes"（属性）窗格的"Sub-layout"（子布局）选项下调整"Gap"（间隔）属性的大小，这样就可以更改图标的间距，如图 5-34 所示。

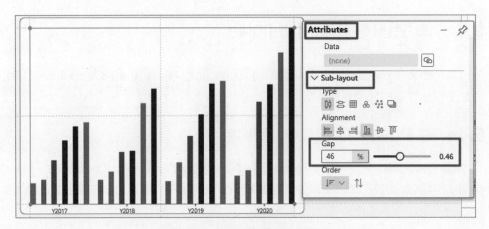

图 5-34　调整图标之间的间距

也可以通过在图标之间拖曳鼠标以更改间距。

5.4.4　调整坐标轴标签的间距

与 5.4.3 节类似，可以在"PlotSegement1"（绘图区 1）中通过"Attributes"（属性）窗格中"X Axis"（X 轴）选项下的"Gap"（间隔）属性来调整坐标轴标签的间距，也可以在图表的类别之间通过拖曳鼠标来调整坐标轴标签的间距，如图 5-35 所示。

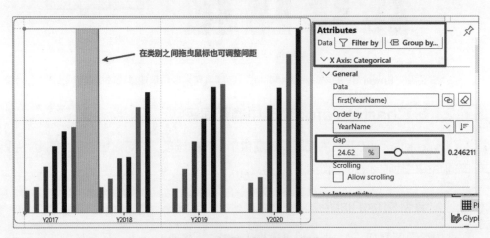

图 5-35　调整轴标签之间的间距

在本示例中，我们一直都以"Stack X"（X 轴堆叠）子布局为例展示可用的排序和间距设置选项，它们也适应于其他的子布局。

5.5　对齐图标

可以使用绘图区工具栏上的对齐选项或绘图区中的"Sub-layout"（子布局）选项下的对齐选项来调整图标的对齐方式，如图 5-36 所示。

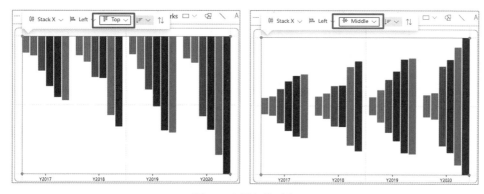

图 5-36　图标的对齐

截止到本书出版时，当在 Charticulator 的绘图区中选用了"Top"（顶端）对齐图标，并且左侧有数值图例时，则 Charticulator 还无法实现反转数值图例。这是 Charticulator 的一个小小的不足，希望在未来版本中能够被修复。

5.6　轴的可见性和位置

轴的"Visibility & Position"（可见性和位置）属性丰富了我们对图表的设计。可以隐藏轴或把轴放置在绘图区的上方或右侧，也可以移除轴标签。编辑"Offset"（偏移）选项可以移动轴标签，其中正数为向上偏移 X 轴标签（或向右偏移 Y 轴标签），负数为是向下偏移 X 轴标签（或向左偏移 Y 轴标签）。标签位置偏移后与图标重合的部分会被隐藏在图标后面，可以通过勾选"On Top"（置顶）属性让标签前置显示。

如图 5-37 所示，X 轴标签被移到了上方，标签位置偏移–40，同时"Line Color"（线条颜色）属性被改为无色（在调色板中选择"none"）。

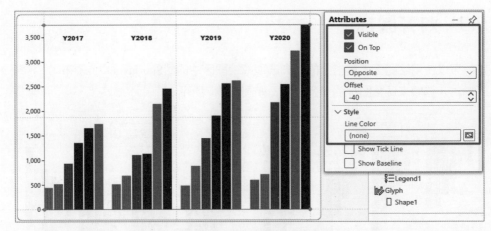

图 5-37　更改轴标签的位置

　　将数据绑定到 X 轴或 Y 轴上后，取消勾选 "Visible"（可见）属性可以隐藏标签，这样我们可以自由地控制轴上的标签内容。如图 5-38 所示，其中 "YearName" 字段同时被绑定到绘图区的 X 轴和矩形的 "Fill"（填充）属性上。此外，这里还把 "销售经理" 字段绑定到一个文本标记上，并将其锚定在矩形的底部。在绘图区的属性窗格里取消勾选 X 轴标签的 "Visible"（可见）属性就会隐藏 "YearName" 字段标签，方便我们在标签上对应各个销售经理与他们的业绩情况。

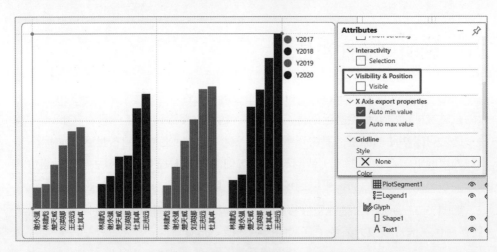

图 5-38　隐藏 X 轴标签并显示文本标记

　　以这种方式使用文本标记来标记轴的类别，可以极大地提升在轴上显示数据的灵活性。

5.7　设置轴标签和刻度线格式

下面来看一看绘图区的格式设置选项。

> **备注**：数值轴的格式设置选项会在第 7 章中详细介绍。

图标的格式取决于构成图标的标记、符号或线条的属性设置。可以在绘图区中编辑轴标签和刻度线的格式，在"Attributes"（属性）窗格的"Style"（样式）选项下能够找到相应的格式设置选项，如图 5-39 所示。

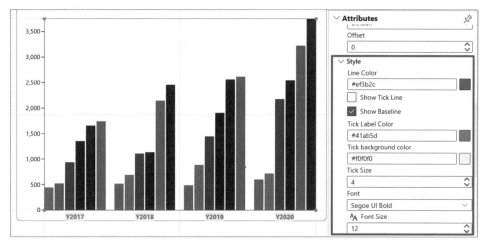

图 5-39　设置轴标签和刻度线的格式

在这里，图 5-39 中的刻度线的线条颜色被更改为红色，隐藏了刻度线记号[译者注：取消勾选"Show Tick Line"（显示刻度线记号）属性]，将标签颜色更改为绿色，并将其背景设置为浅灰色。

5.8　网格线

网格线通常与数值轴一同使用。正如在 4.3 节中创建折线图时所学到的，我们需要将数值字段绑定到绘图区的 X 轴或 Y 轴上来创建数值轴，并且还要在"Glyph"（图标）窗格中使用符号，这样就能编辑 X 轴或 Y 轴的"Gridline"（网格线）属性了。如图 5-40 所示，图表的 Y 轴应用了网格线。

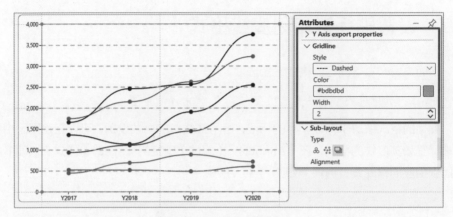

图 5-40　Y 轴上的网格线

　　类似地，如果条形图中的 X 轴为数值轴，则以同样的方式让图表显示垂直网格线能帮助用户快速找到对应的数据。

5.9　实操练习：设置绘图区属性

　　如果你能够理解绘图区的属性，且能够灵活地进行设置，这就意味着你在精通 Charticulator 的道路上又迈出了一大步！现在，请尝试运用本章所学的技巧构建如图 5-41 所示的 3 张图表。同样的设计技巧也能在你的 Power BI 报告中使用，请接受挑战，厘清哪些绘图区属性能助你一臂之力。

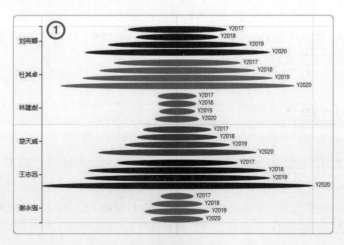

图 5-41　练习图表

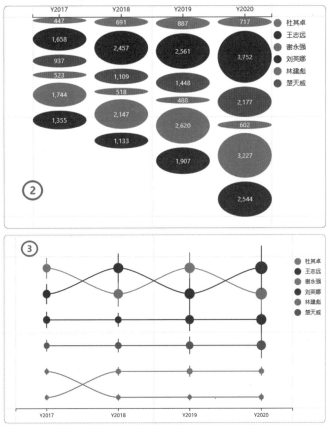

图 5-41　练习图表（续）

相信这个练习对你来说是小菜一碟。表 5-1 中列出了每张图表中用到的属性。

表 5-1　设计图 5-41 中 3 张图表用到的属性

练习图表 1	练习图表 2	练习图表 3
• 使用"Glyph"（图标）窗格中的"Ellipse"（椭圆形）形状	• 使用"Glyph"（图标）窗格中的"Ellipse"（椭圆形）形状	• 使用"Glyph"（图标）窗格中的"Line"（线条）和圆形"Symbol"（符号）
• 设为"Stack Y"（Y 轴堆叠）	• 设为"Stack Y"（Y 轴堆叠）	• 设为"Stack Y"（Y 轴堆叠）
• 将"销售经理"字段绑定到 Y 轴上	• 将"YearName"字段绑定到 X 轴上	• 将"YearName"字段绑定到 X 轴上
• 创建"YearName"的文本标记	• 将"数量"字段绑定到图标的"Height"（高度）属性上	• 将"数量"字段绑定到"Line"（线条）的"Y Span"（Y 轴长度）属性上
	• 将"销售经理"字段绑定到	• 将"销售经理"字段绑定到"Line"（线条）的"Stroke"（笔画）属性和

练习图表 1	练习图表 2	练习图表 3
• 将文本标记的锚定属性设为 Anchor X = Left（X 轴靠左锚定）；Anchor Y = Middle（Y 轴居中锚定） • 垂直方向居中对齐	图标的"Fill"（填充）属性上 • 创建"数量"的文本标记 • 将文本标记的锚定属性设为 Anchor Y= Middle（Y 轴居中锚定） • 垂直方向顶端对齐 • 将 X 轴标签的"Position"（位置）属性调整为"Opposite"（相反） • 插入"销售经理"图例	圆形"Symbol"（符号）的"Fill"（填充）属性 • 增加线条宽度 • 将"数量"字段绑定到圆形"Symbol"（符号）的"Size"（尺寸）属性上 • 按照"数量"降序排序 • 为"销售经理"插入"Line"（连接线） • 设置连接线格式为"Bezier"（平滑曲线） • 为"销售经理"插入"Legend"（图例）

　　前 5 章中介绍的大部分图表还比较常规，在 Charticulator 中用到的仍是单一分类轴。下面会继续探索 Charticulator 另一个重要特性——使用两个分类轴绘图，请到第 6 章一探究竟。

第6章

使用两个分类轴

本书开宗明义地建议：在学习 Charticulator 之前，请忘记所有关于在 Power BI 中创建图表的繁文缛节，抛开诸如视觉对象关于允许使用坐标轴的数量、类别或是数值的束缚，从数据可视化设计的泛化角度审视你要绘制什么样式的图表。为了避免读者的学习曲线转变得过于突兀，前 5 章的内容仍是基于传统图表样式来学习如何使用 Charticulator。

在第 5 章介绍过，Charticulator 中提供了比 Power BI 的原生图表更多的图表元素布局和控制选项。只是到目前为止，本书介绍的所有图表还都是标准的样式：比如条形图、柱形图和折线图。通过不断的操练，你会意识到，在 Charticulator 中，数值数据的绘制可以独立于数值轴——仅仅通过把数值字段与特定元素的属性绑定就能在画布上呈现预期的效果。有赖于这个特性，数值轴就不再是图表中必要的元素了，这使得我们能够在设计图表时把两个坐标轴都用作分类轴以容纳更多的维度。本章会介绍如何使用两个分类轴设计图表。图 6-1 所示的是这类图表的两个示例，请体会一下它们与传统图表的区别。

你可以用 Power BI 的原生图表进行尝试，但不论是矩阵图还是"小多图"，最多只能实现接近的效果，无法复刻出相同的图表细节。

接下来的内容将展示如何设计出这些图表。下面将探讨绘制具有多种类别图表的可能性，以及 Charticulator 如何在一张图表中同时把 X 轴和 Y 轴都作为分类轴，这一点是 Power BI 的原生图表做不到的。你还会学到如何自定义显示/隐藏图表中的某些元素。

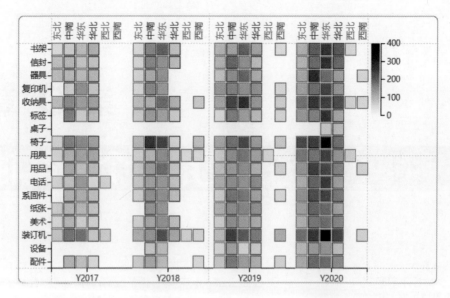

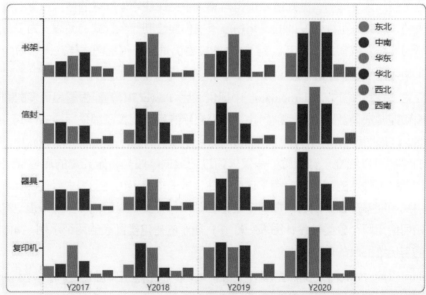

图 6-1　使用了两个分类轴的图表

在正式开始学习之前，让我们先打破传统笛卡儿图表布局对我们的思维模式的束缚——即图表中只能有一个分类轴和一个数值轴。在普通的 Power BI 图表中，由于受到单个分类轴的限制，如果想在一张图表中管理多个类别，则一般会使用以下图表类型或方法（见图 6-2）：

- 簇状（柱形/条形）图
- 堆积（柱形/条形）图
- 层级下钻
- 展开层次结构中的所有级别

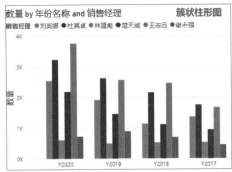
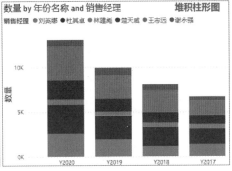

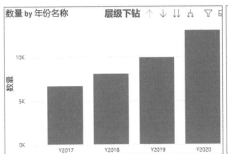
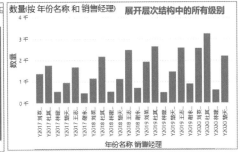

图 6-2　在 Power BI 图表中管理多个类别的图表/方法

在 Charticulator 中，有数不清的方法可以在图表中绘制多个类别。最常用的有两种：其一，创建"矩阵"样式的图表，把值绘制于 X 轴代表的类别和 Y 轴代表的类别的交叉位置；其二，使用"小多图"，并将图表的子布局设计成 X 轴代表的类别和 Y 轴代表的类别组合的迷你条形图或柱形图。

备注：在 Charticulator 中设计"小多图"时，需要用到嵌套图表的技巧来实现某个类别在图表中多次出现的情况，第 17 章会对此做详细介绍。

下面会分别介绍这两种主要方法。

6.1 设计"矩阵"样式图表

下面还是从一张简单的图表入手，如图 6-3 所示，依然用矩形作为图标。把"YearName"字段绑定到 X 轴上，把"销售经理"字段绑定到 Y 轴上，这样就创建了两个分类轴。注意，尽管子布局目前还是"Stack X"（X 轴堆叠）形式的，但是由于 X 轴和 Y 轴分别绑定了分类字段，所以画布上还是呈现了"网格"样式布局。

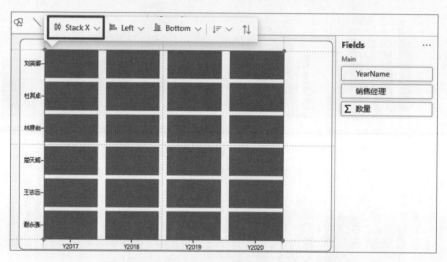

图 6-3　使用两个分类轴创建的"网格"样式布局

从图 6-3 中还看不出具体的销量。接着把"数量"字段绑定到矩形标记的"Fill"（填充）属性上，并选择"Spectral"作为配色方案，再插入图例。现在我们就能分析销售经理的销量了。在图 6-4 中可以看出总体销量最多的年份是 2020 年。这张图表是否似曾相识呢？它与 5.2.3 节中创建的图表非常相似，但在那一节里并没有把任何字段绑定到轴上，所以当时图表的布局完全由子布局驱动。而图 6-3 所示的图表是由分类轴决定图表呈现出"网格"样式布局的，也就是第 5 章着重强调的——X 轴和 Y 轴绑定的字段优先决定图表的主题布局。

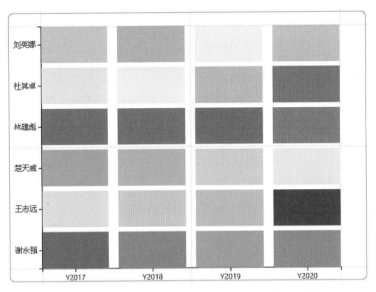

图 6-4　使用了"Spectral"配色方案增加图表的可读性

本书多次在示例图表中使用两个分类字段——"YearName"和"销售经理"字段，现在尝试一下其他的分类字段——订单表中的"子类别"和"Region"字段。"YearName"字段仍被绑定到 X 轴上，"子类别"和"Region"字段依次被绑定到 Y 轴上。图表效果与之前类似，呈现"网格"样式布局，子布局还是默认的"Stack X"（X 轴堆叠）样式，如图 6-5 所示。每个图标代表各产品子类别每年在各地区的销量。

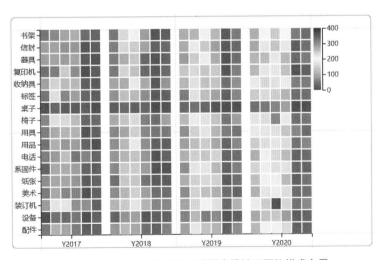

图 6-5　使用了 3 个类别数据的图表维持了网格样式布局

"Spectral"配色方案在展示销量数据方面还不是最优的，尤其是对于那些销量处于低位的地区，可以考虑切换为"Greys"配色方案。此外，再把"Region"字段绑定到矩形的"Stroke"（笔画）属性上，为每个地区对应的矩形创建一个彩色边框，如图 6-6 所示。

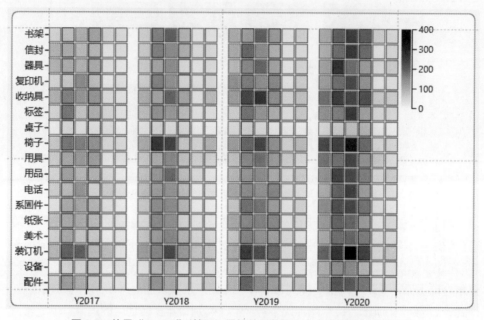

图 6-6　使用"Stroke"（笔画）属性并调整配色方案增强图表的可读性

由于目前图表中没有"Region"字段的图例，所以无法明确对应的图标代表哪个地区的销量。这时就需要在图表顶部加上第二个 X 轴，相应地标记出每列图标的地区信息。

执行以下步骤添加辅助 X 轴，并为图标加上文本标记：

（1）将文本标记锚定在图标顶部（最上方中央绿色圆点处）。

（2）再将文本标记内容移动到图标上方。

（3）旋转文本标记使其在垂直方向自下而上地显示文本内容。

（4）将"Region"字段绑定到文本标记的"Text"（文本）和"Color"（颜色）属性上。

完成之后的图标仍显凌乱，尤其是添加的文本标记重叠了，如图 6-7 所示。

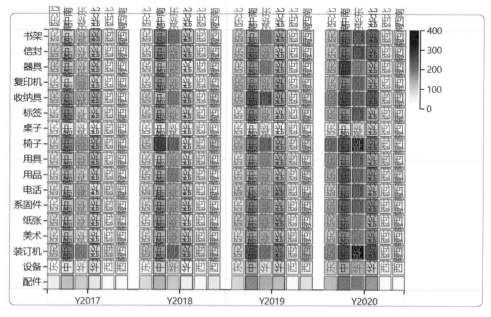

图 6-7　添加了文本标记，因为每个图标都带有文本标记导致排列重叠

　　每个图标上方都有一个文本标记，但我们期望的是只在图表顶部的图标上显示文本标记。这就需要通过设置矩形的"Visibility"（可见性）属性来实现。在完成这一步之前，让我们先来学习一下如何在 Charticulator 中控制图表元素的可见性。

6.2　隐藏视觉元素

　　在"Layers"（图层）窗格内单击图表元素右侧的可见性按钮可以隐藏/显示图层，如图 6-8 所示。

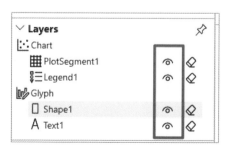

图 6-8　"Layer"（图层）窗格中的可见性按钮

在绘图区取消勾选"Attributes"（属性）窗格中"Visibility & Position"（可见性和位置）选项下的"Visible"（可见）属性，可以隐藏 X 轴或 Y 轴标签，如图 6-9 所示。

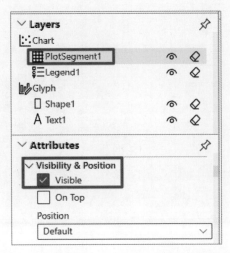

图 6-9　"Visible"（可见）属性可用来隐藏轴标签

然而，上述两种方法只能让图表的对应元素要么全部显示，要么全部隐藏。我们的目的是只让图表显示位于辅助 X 轴上方的文本标记——也就是"书架"这一排图标的文本标记。如果隐藏"Text1"（文本 1）图层，那么所有的文本标记就都不显示了，因此，还需要设置条件来达到此目的，欲知详情请看 6.3 节。

6.3　设置条件

承接 6.2 节，在 Charticulator 中通过设置"Visibility"（可见性）属性可以对与文本标记或形状绑定的数据进行筛选，从而控制这些数据的一部分或是全部显示在图表中。可以在"Visibility"（可见性）属性下的"Conditioned By…"（设置条件）下拉框中进行设置。如果把"子类别"字段拖曳到"Visibility"（可见性）属性上进行绑定，在下拉框里进一步筛选保留"书架"子类别，那么我们可以使图表顶部只显示"书架"对应的地区文本标记，如图 6-10 所示。

类似地，我们可以隐藏销量不高于 50 件的矩形。还是使用矩形的"Visibility"（可见性）属性下的"Conditioned by…"（设置条件）选项，绑定"数量"字段并筛选保留数量大于零的数据，如图 6-11 所示。

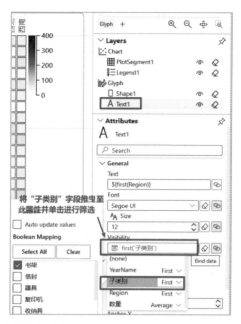

图 6-10 将字段绑定到"Visibility"(可见性)属性上并筛选出要显示的值

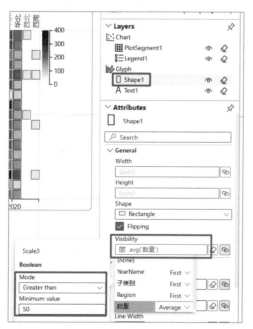

图 6-11 可以使用"Visibility"(可见性)属性下的"Conditioned by…"(设置条件)
选项过滤数值

如图 6-12 所示，从图表中可以清楚地看到哪些地区的子类别销量比较少（<50件）；也可以轻松地进行其他分析——为什么 2020 年华东地区的销量普遍比较高？2020 年装订机的销量也相当不错。

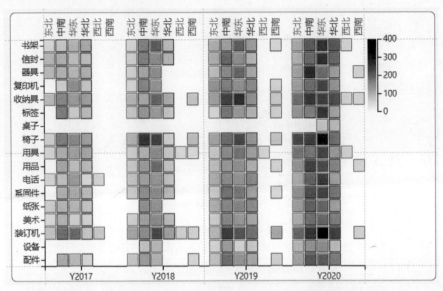

图 6-12　绘制了 3 种类别（子类别、大区、年份）的完整矩阵样式图

结合需要绘制的数据情况，使用"Spectral"配色方案，让图表呈现热力图样式的视觉效果。

6.4　小多图

绘制多个类别的另一种方法是使用"小多图"。先在"Glyph"（图标）窗格中使用矩形创建一幅简单的柱形图，将"Region"字段绑定到形状的"Fill"（填充）属性，将"数量"字段绑定到"Height"（高度）属性。

由于默认的子布局使用的是"Stack X"（X 轴堆叠）样式，所以图表乍一看非常拥挤，每个地区、每个子类别产品的每一年销量都对应一个矩形，这与在 Power BI 图表中展开所有级别的数据是类似的状态，如图 6-13 所示。

备注：为了使示例图表更加清晰、简洁，图 6-14 所示的图表中只筛选保留了部分产品子类别。

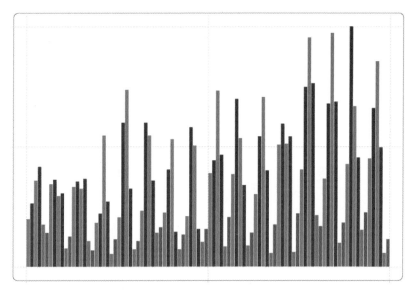

图 6-13　在有多个类别的图表中，"Stack X"（X 轴堆叠）子布局的效果看起来很拥挤

现在把"YearName"字段与 X 轴绑定，把"子类别"字段与 Y 轴绑定。因为采用了默认的"Stack X"（X 轴堆叠）子布局，所以图表中呈现了每一年和每个产品子类别的迷你柱形图，以显示每个子类别的销量，这与 Power BI 中的"小多图"效果类似，如图 6-14 所示。

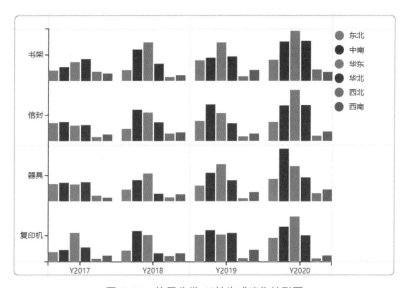

图 6-14　使用分类 Y 轴生成迷你柱形图

　　还可以使用其他子布局来创建不同样式的"小多图"。下面尝试把矩形替换为圆形，将"数量"字段绑定到符号的"Size"（大小）属性，将"Region"字段绑定到"Fill"（填充）属性上并应用"Packing"（填充）子布局，效果如图 6-15 所示。在绘制包含多个类别的图表时，请尽可能尝试各种分类轴和子布局的组合，以打造惊艳的图表效果。

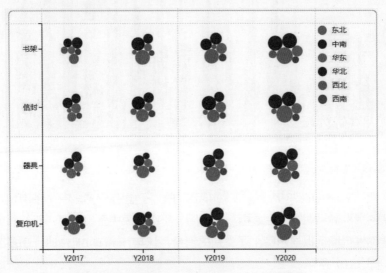

图 6-15　使用两个分类轴和填充子布局的效果

　　希望你能够多多尝试 Charticulator 的分类轴，掌握使用两个分类轴来突破传统图表设计中的局限，并结合使用"Visibility"（可见性）属性，通过"Conditioned by…"（设置条件）选项指定筛选条件来限制特定值的可见性。

　　本章介绍了 Charticulator 的分类轴，让我们进一步思考一下使用 Charticulator 的数值轴又会是怎样的？在第 4 章介绍符号图标时简要介绍了如何使用数值轴，以及数值图例和数值轴之间的区别。第 7 章会再次介绍数值轴，并深入介绍它的属性，其中不仅仅包括如何控制刻度/色阶和数据格式，还会涉及 Charticulator 中的"Tick Data"（刻度数据）的作用及特点。

第 **7** 章

使用数值轴

第 6 章介绍了使用两个分类轴的方法，这有助于启发你获得充满想象力的视觉效果。本章重点介绍如何使用 Charticulator 的数值轴来实现更大的作用。现在你应该已经非常熟悉了在 Power BI 和其他应用程序中构建图表时使用的数值轴，因此，自然地，你会希望学到如何编辑轴的数值范围，以及对数值标签进行格式化操作。

本章不仅会囊括上述内容，还会介绍一个与 Charticulator 的数值轴相关的属性。它的效果十分特别，可以用来生成混合轴，把数值作为轴上的刻度线和分类标签。它就是 Charticulator 的 "Tick Data"（刻度数据）属性。在本章中你将全面了解这个属性的特点。

下面要介绍的示例采用图 7-1 所示的数据：销售经理销售的桌子产品明细，数据集中记录了每种桌子的销量和价格。

下面要基于示例数据设计一个视觉效果：显示每位销售经理关于高价桌子（ProductCost ≥1500 元）和平价桌子（ProductCost ＜1500 元）的销量数据。图 7-2 和图 7-3 是展示这一分析结果的两种图表。在图 7-2 中，"ProductCost"字段被绑定到 Y 轴上，构建了一个常规的数值轴，销量数据被显示在图标的文本标记中，但是用户无法知道 Y 轴上的价格对应的是哪种桌子。而在图 7-3 中就可以看到 Y 轴标记了每种桌子的价格——尽管起来不像，但 Y 轴此时是如假包换的数值轴。

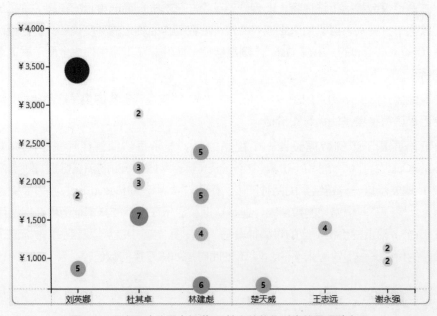

图 7-1　示例数据

图 7-2　用户无法从图中知道 Y 轴上的价格对应的是哪种桌子

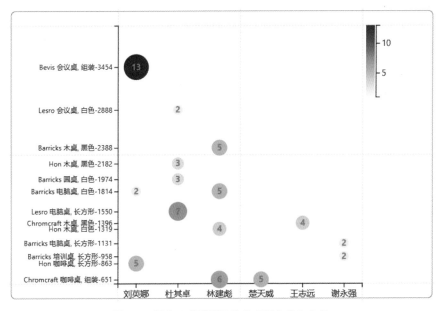

图 7-3　用户可以看到具体的桌子名称和价格

可以看到销售经理"杜其卓"和"刘英娜"在高价桌子上的销量最多（销量分别为 7+3+3+2=15 张；2+13=15 张）；但"刘英娜"在价格最高的桌子的销售上表现更加突出。

以上便是在 Charticulator 中使用数值轴，生成与数值轴上特定值相关联的文本标签，从而可以帮助我们直观地获得见解的示例。下面让我们从学习如何使用数值轴的各项属性开始，一步步地来掌握其中的奥秘。

首先创建图 7-2 所示的使用了传统数值轴的图表：使用图 7-1 所示的示例数据，先将"SalesManager"字段绑定到 X 轴上，再将"ProductCost"字段绑定到 Y 轴上，从而将 Y 轴创建为一个数值轴。在 7.1 节会介绍如何设计图标。

7.1　设计数值轴的图标

将数值轴配合符号一起使用效果较好，符号的样式可以按需选择（比如采用圆形）。把"数量"字段与符号的"Size"（大小）和"Fill"（填充）属性绑定，编辑配色方案为"YlOrRd"。之后向图标添加文本标记，并将"数量"文本标记与"Text"（文本）属性绑定，编辑格式不保留小数位。

> **备注：**可以参考 2.4 节内容将文本标记设置为不保留小数位。

可以将"Anchor X"（X 轴锚定）和"Anchor Y"（Y 轴锚定 ）属性设置为"Middle"（居中）来对齐符号中的文本，如图 7-4 所示。

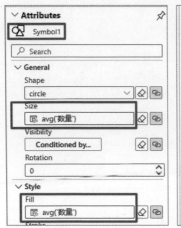 

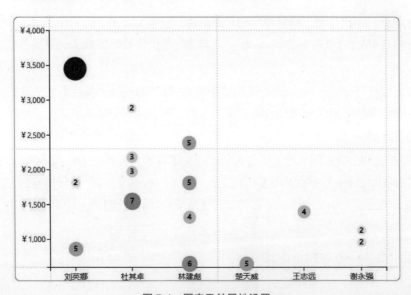

图 7-4　图表及其属性设置

在图表中，圆形符号的最小尺寸和最大尺寸差别不是特别显著，可以通过编辑刻度来增加符号的尺寸范围：单击"Scales"（刻度/色阶）窗格中的"Scale1"（刻度/色阶 1）选项的"Symbol1.Size"（符号 1.大小）属性，然后在打开的对话框中更改"Rang"

属性的"End"（终止）值（见图 7-5）。在本例中将其增加到 1000，你可以进行调试直至满意为止。第 9 章中会更深入地探讨如何设置刻度及其范围。

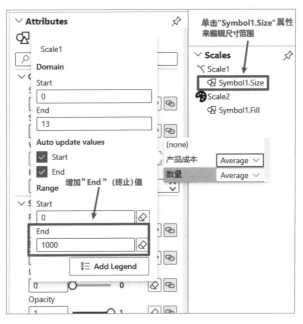

图 7-5　增加符号的"Size"（大小）比例的范围

到这里，图标的外观设定就差不多完成了，让我们将注意力转向本章的重点——Charticulator 图表的数值轴属性。你可以在绘图区的"Attributes"（属性）窗格中的"Y Axis: Numerical"（Y 轴：数值）选项下找到这些属性。

7.2　编辑范围

"Range"（范围）属性允许我们增加或减少轴上显示的数值范围。还可以通过对调起始值和终止值来反转数值轴。在本例中，我们把"to"（终止）值增加到 4000，以便将轴延伸至超过最高价格 3500 元的价格，如图 7-6 所示。如果确定更改数值轴的"Range"（范围）属性，则需要取消勾选"Y Axis export properties"（Y 轴导出属性）选项下的自动缩放功能，否则，一旦返回 Power BI 界面，数值范围就会自动恢复以前的设置。

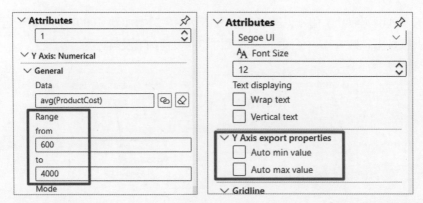

图 7-6　编辑数值轴上的"from"（起始）值和"to"（终止）值并关闭 Y 轴导出属性

如果想把图标和 X 轴尽量分开，特别是当图标溢出 X 轴时，就适当减小"from"（起始）值。

7.3　设置刻度的数据格式

编辑"Tick Format"（刻度格式）属性可以将数值轴上的数值设置为货币格式：在大括号外输入货币符号，在大括号内输入小数点，后面跟着所要保留的小数位数，最后输入"f"，如图 7-7 所示。

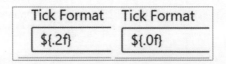

图 7-7　编辑数值轴上的格式字符串

备注：第 8 章会详细探讨 Charticulator 的格式字符串表达式。

7.4　设置刻度字体和刻度线的格式

分类轴和数值轴有着相同的样式属性，该属性在 5.7 节介绍过，这里再概括一下：如果想更改颜色或增加数值轴上文本或刻度线的大小，则需要调整绘图区的"Style"（样式）选项下的属性，如图 7-8 所示。

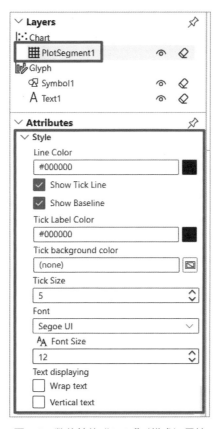

图 7-8　数值轴的"Style"（样式）属性

至此图 7-2 所示的图表就制作完成了。

7.5　刻度数据

图 7-2 所示的图表的局限性在于用户只能通过 Y 轴上的数值知道桌子的价格，但无法对应是哪一种桌子。此时 Charticulator 中的"Tick Data"（刻度数据）属性就有用武之地了，它可以用来生成与数值轴上的特定值相关联的文本标签，如图 7-9 所示。

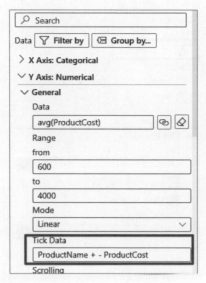

图 7-9 "Tick Data"（刻度数据）属性

必须先设置"Tick Date Type"（刻度数据类型）属性，然后才能看到"Tick Data"（刻度数据）属性。在"Tick Data"（刻度数据）属性的文本框内输入要在数值轴上用到的文本值的字段名称。在本例中使用的是"ProductName"字段，还要包括"ProductCost"字段以展示价格，为了让数据看起来很清晰，两个字段之间用"-"号分隔，如图 7-10 所示。

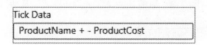

图 7-10 编辑"Tick Data"（刻度数据）属性

注意，要使用"+"号连接"ProductName"和"ProductCost"字段，另外，还要注意以下两点：

- Charticulator 的格式字符串区分大小写，因此必须输入大小写正确的字段名称。
- 如果字段名称中有空格，那么必须在字段名称两旁加上一个重音符（`），如图 7-11 所示，该键在键盘左上角的数字"1"键的左边或"Esc"键的下边。

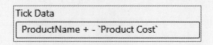

图 7-11 如果字段名称中有空格，则请使用重音符（`）

对于示例图表还需要进行一些润色：在"Scales"（刻度/色阶）窗格中的"Symbol1.Fill"（符号 1.填充）选项里添加图例，调整文本标记的字体颜色，如图 7-12 所示。本示例通过借助"Tick Data"（刻度数据）属性呈现出了简单但富有洞察力的图表效果。

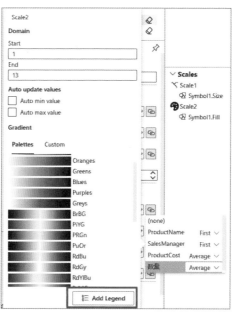

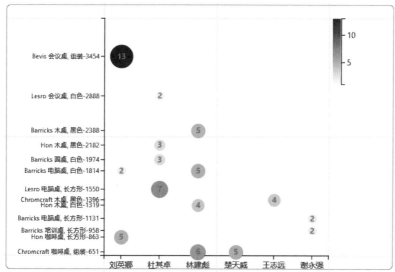

图 7-12　借助"Tick Data"（刻度数据）属性完成的图表效果

本章介绍了如何管理数值轴，以及"Tick Data"（刻度数据）属性的用法。现在你可以充分利用 Charticulator 的数值轴和分类轴的特性进行可视化设计了。

在本章的学习过程中，你可能已经注意到在 Charticulator 中进行数据绑定时所用到的表达式——例如，以货币符号开头的公式和文本标记中的数据格式。数据格式的语法应该遵循什么规范？大括号内的字符代表什么含义？这样的格式表达式被称为 d3-format（d3 格式）。第 8 章会介绍 Charticulator 中数值表达式和 d3-format（d3 格式）。

第 8 章

Charticulator 表达式

本章不教授设计图表的内容，而是详细介绍在 Charticulator 中将数据绑定到属性时使用的表达。你可能已经对如何设定 Charticulator 中的数据格式感到好奇了，在先前的内容里（见图 2-12）为了显示特定的数据格式，需要用户编辑大括号内的字符内容，这是一种被称为"d3-format"（d3 格式）的语法。如果你未曾使用过它也不奇怪，即便是 Charticulator 的说明文档对此也没有提供多少有帮助的内容。根据在 GitHub 上检索到的信息，d3 格式是基于 Python 3 的格式化规范，常被 JavaScript 程序员使用以方便普通用户参阅特定数据。即使知道了这些，对你理解 d3 格式的帮助也不大，所以，本章会对它的语法做一些说明。另外，还可以通过使用 DAX 格式化数值字段的方法来实现同样的效果，在本章结尾部分会对此进行说明。

如果 Charticulator 的表达式位于文本标记的文本属性中，那么表达式会以美元符号"$"开头；如果表达式位于定义刻度/色阶的属性中，比如高度或填充色，那么它的左侧带有"fx"按钮，可以单击这个按钮进行编辑。DAX / Excel 公式与 Charticulator 表达式的主要区别在于：Charticulator 表达式可以包含格式说明符，并且在引用字段时无须输入表名——这是因为 Power BI 视觉对象（包括 Power BI 中的 Charticulator 视觉对象）只对其引用的数据具有可见性，而非整个数据模型中的所有数据。

知晓了上述关于 Charticulator 表达式的内容后，我们将学习以下 5 个主题：

（1）引用字段名称。

（2）数据的聚合。

（3）使用 d3 格式格式化数据的显示。

（4）在数值轴上的刻度标签使用 d3-format（d3 格式）。

（5）使用 DAX 格式化数字的显示。

8.1　引用字段名称

在 Charticulator 表达式中引用字段名称时无须输入表名。如果字段名称中带有空格，就必须在字段名称两旁加上一个重音符"｀"，该键在键盘左上角的数字"1"键的左边或"Esc"键的下边。可以使用加号"+"在文本标记中连接字段名，并使用双引号插入空格。在图 8-1 中可以看到当将字段绑定到文本标记的"Text"（文本）属性上时，字段名称是如何被引用的。

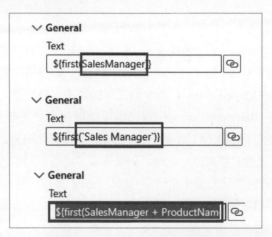

图 8-1　被绑定到"Text"（文本）属性的字段及其引用方式

7.5 节介绍了在数值轴上使用"Tick Data"（刻度数据）属性来引用字段作为轴上的标签，使用这种方式无须将字段绑定属性，因此，只要在属性文本框中输入字段名称就可以了。如图 8-2 所示，Y 轴数据标签连接了字段"ProductName"和"ProductCost"，并用"-"作为分隔符。在"Tick Data"（刻度数据）属性中无须使用聚合函数（比如函数 first 等），因为聚合方式会在绘图区的"Data"属性中被定义。

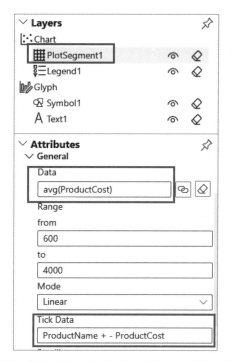

图 8-2　在"Tick Data"（刻度数据）属性中引用字段

在"Tick Data"（刻度数据）属性中用"-"等字符作为分隔符时，无须在其两旁加上双引号，不过如果使用空格进行分隔就得加上双引号了。

8.2　使用 Charticulator 的聚合函数

与 DAX 度量一样，Charticulator 支持返回标量值的函数，例如 sum（求和）、avg（均值）、max（最大）、min（最小）、count（计数）、stdev（标准差）、variance（方差）、median（中位数）、first（首位）和 last（末位）。

8.2.1　分类数据的表达式

下面从将分类字段绑定到属性时使用的文本表达式开始介绍。如图 8-3 所示，将"SalesManager"字段绑定到圆形符号的"Fill"（填充）属性和文本标记的"Text"（文本）属性上。在使用分类数据时，Charticulator 默认使用聚合函数 first。

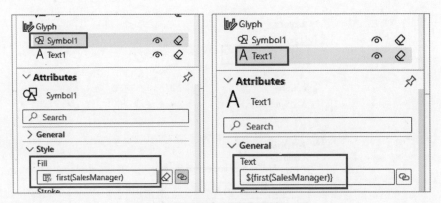

图 8-3　分类字段使用聚合函数 first

与其他的 Power BI 视觉对象一样，Charticulator 必须使用一个函数来检索单个值，但因为无法聚合文本数据，在默认情况下使用 first 函数。

8.2.2　数值数据的表达式

在初次将数值字段绑定到属性上时，Charticulator 会默认使用函数 avg。如图 8-4 所示，将"数量"字段绑定到圆形符号的"Size"（大小）属性上。

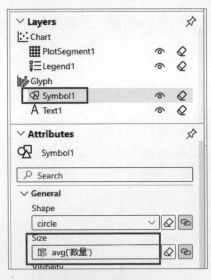

图 8-4　数值字段默认使用函数 avg

之所以使用 avg 函数，是因为除非用到"Group by"（分组依据）属性，否则每个符号/形状图标都代表基础数据集中的一行数据。因此，单个数值的平均值就是该值本身（实际上使用 sum、max、min、count、stdev、variance、median、first 和 last 函数的效果是一样的）。因此，将默认的聚合函数 avg 更改成其他的聚合函数不会发生变化。

还可以在表达式的括号内进行简单的数学运算，这对于在文本标记的"Text"（文本）属性中以"K"（千）或"M"（百万）为单位表示数值非常有用。如图 8-5 所示，在这里可以看到显示销量的两种文本标记，一种是明细数量，另一种是以"K"（千）为单位的缩略数据（"数量"除以 1000），后者更加节省画布空间。

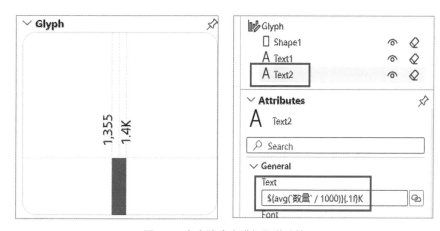

图 8-5　在表达式中进行数学计算

8.2.3　分组依据的表达式

如果使用了绘图区的"Group by…"（分组依据）属性，就可以根据需要绘制的计算结果来编辑函数。如图 8-6 所示，这里按"YearName"字段对数据进行分组，将"数量"字段绑定到矩形的"Height"（高度）属性上，此外还添加了一个文本标记来显示"数量"字段的值。单击矩形的"Height"（高度）属性并从下拉列表中选择"max"函数替换默认的函数"avg"。最后把文本标记的"Text"（文本）属性使用的函数也更改为"max"，以反映对应的销量数据。

如图 8-7 所示，图表按照"Fields"（字段）窗格里的数据（而非数据模型的源数据）进行聚合。在本例中，Charticulator 表达式计算了每一年销量最多的那位销售经理的销量总和（例如，2017 年"杜其卓"的销量最多，为 1744 件）。

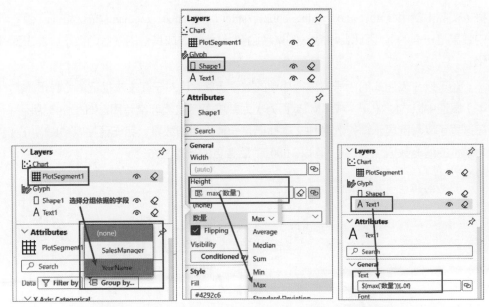

图 8-6　使用"Group by…"（分组依据）属性并更改聚合函数

图 8-7　Charticulator 按照图表所包含的数据进行聚合

在第 11 章会介绍"Group by…"（分组依据）属性的更多用法。

8.3　使用表达式对数字进行格式化

在将数值数据绑定到文本标记时，Charticulator 会自动保留一位小数，在图 8-8 中标注出的格式字符串"{.1f}"即表示该默认设置。

图 8-8　Charticulator 使用的"d3-format"（d3 格式）

Charticulator 使用基于 JavaScript 的 d3 格式来定义数字格式。你可能从未使用过它，但如果你在 Excel 中创建过自定义格式，就一定不会对在单元格的数值中的指定位置添加特定字符的用法感到陌生（例如，用 Excel 的自定义格式添加正负号，补足零或特定文本）。d3 格式与 Excel 的自定义格式有点类似，但更加复杂。以下是 d3 格式的标识符：

```
[[fill]align][sign][symbol][0][width][,][.precision][~][type]
```

可以在网络上搜索并找到相关语法的更多信息。

目前，我们仅需关注在 Charticulator 中格式化数值数据的内容就足够了，表 8-1 中列出了 Charticulator 表达式中常用的 d3 格式的标识符的示例。

表 8-1　Charticulator 表达式中常用的 d3 格式的标识符

标识符	值	描　　述	示　　例	结　　果
[type]	f	定点小数	${avg(`数量`){.2f}}	3752.00
[type]	%	百分比	${avg(`数量`){.2%}}	375200.00%
[type]	r	舍入到有效数字	${avg(`数量`){.3r}}	3750
[type]	s	以百万或千为单位	${avg(`数量`){.5s}}	3.7520k
[.precision]	.n	保留 *n* 位小数	${avg(`数量`){.5s}}	3752.00
[,]	,	千分位隔符	${avg(`数量`){.0f}}	3,752

备注：你可以在 GitHub 网站中找到其他"type"标识符的说明文档。

在表达式开头输入货币符号就能显示货币单位了。但如果要显示美元符号，则还要在前面加上正斜杠"\"，其他币种则不需要，如图 8-9 所示。

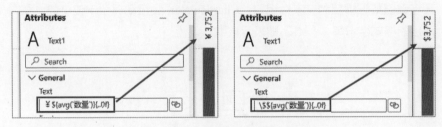

图 8-9　使用货币符号

在 8.5 节中还会介绍使用 DAX 的 Format 函数生成货币格式的方法。

8.4　设置刻度标签的格式

可以使用前面介绍的格式标识符来设置数值轴、图例或数据轴的格式（第 14 章会详细介绍数据轴）。在"Tick Format"（刻度格式）属性中输入所需的格式，记得将格式设置在大括号中，在大括号外输入货币符号。使用美元货币格式格式化 Y 轴的示例如图 8-10 所示。

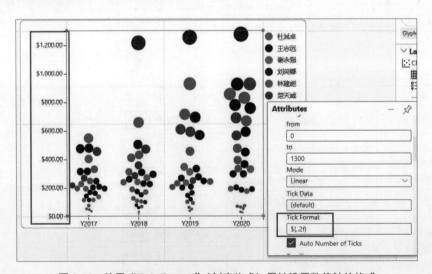

图 8-10　使用"Tick Format"（刻度格式）属性设置数值轴的格式

8.5　使用 DAX 的 Format 函数

使用 DAX 度量值同样可以将数值转换成所需格式的文本字符串以替代在 Charticulator 中使用 d3 格式。你需要创建新的度量值并使用 Format 函数。如图 8-11 所示，这里使用 DAX 创建显示货币格式的度量值。

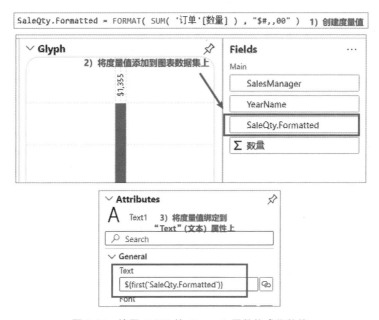

图 8-11　使用 DAX 的 Format 函数格式化数值

可以通过微软官方文档查阅有关 DAX 的 Format 函数和可以使用的格式字符串的详细信息。

虽然 Charticulator 中没有提供格式化字符串的功能，但通过本章的学习，你会了解到如何引用字段名称，以及如何使用分类数据和数值数据的表达式。而且，现在你对 d3 格式有了更多的了解，可以使用它来设置文本和刻度数据属性的数据格式。

想必你已经想继续学习创建可视化效果了，不用着急，还有一个重要的主题需要掌握。为了能创建更具挑战性的图表，我们也需要掌握 Charticulator 的"Scales"（刻度/色阶）和"Legend"（图例）对象。在先前的示例图表中已多次使用到图例，并且也已经涉及了"Scales"（刻度/色阶）窗格是如何运作的，第 9 章会揭开刻度/色阶和图例的所有秘密。

第 9 章

刻度/色阶和图例

通过第 3 章的学习，你已经了解到每当有数据被绑定属性时，"Scales"（刻度/色阶）窗格中就会新增一个刻度/色阶选项。在前面的示例图表中也创建了不同的数值图例和分类图例。基于已经掌握的知识，现在你可以进一步探索 Charticulator 的刻度/色阶和图例了。本章会更详细地介绍刻度/色阶及其使用方法。你会了解到 Charticulator 中刻度/色阶的各种样式，以及如何对其进行编辑和管理。更重要的是，你还会学到掌控数字刻度的方法——例如，数值刻度的"Domain"（值域）和"Range"（范围）属性有什么作用？编辑其中的值会对图表产生什么影响？本章会逐一回答这些问题。最后，因为 Charticulator 中的图例与刻度/色阶密不可分，因此，你也将学习编辑和控制图例的外观和格式的技巧。

本章会从介绍 Charticulator 的刻度/色阶开始，然后继续探索能够添加到图表中的各种类型的图例。

9.1　刻度/色阶

每当有数据与属性绑定时，Charticulator 就会创建一个刻度/色阶选项，此时你需要再创建一个对应的图例来解释刻度/色阶的内容。刻度/色阶决定了数据是如何被映射到图表的视觉元素上，以确定标记、符号和线条在图表中的高度、颜色和大小。在"Scales"（刻度/色阶）窗格中可以看到这些刻度/色阶选项，其中列出了 Charticulator 使用的所有刻度/色阶选项，以及描述每个刻度/色阶的图例。通常，每个刻度/色阶选项都有对应的图例，我们可以将 Charticulator 中的刻度/色阶视为形状或符号的附带属性。与刻度/色阶绑定的字段需要图例来进行释义。

在 Charticulator 中有 3 种刻度/色阶类型：色阶、刻度和将图像映射到图符刻度上——在本章中只探讨前两种类型（在 3.5 节中已经介绍了如何将图像绑定到图符上）。图 9-1 中就包含了两种类型的刻度/色阶："Scale1"（刻度/色阶 1）是与矩形形状的"Height"（高度）属性关联的数值刻度，Y 轴上添加了数值图例，用来对应映射到矩形高度上的数值；"Scale2"（刻度/色阶 2）是与矩形的"Fill"（填充）属性关联的颜色色阶，图表右侧添加了一个图例用来对应填充色和销售经理。

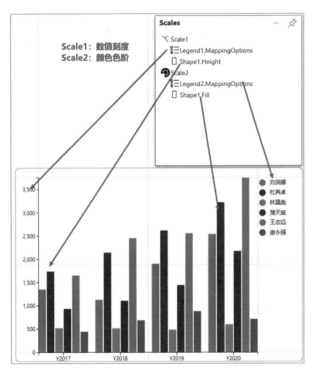

图 9-1　Charticulator 中的数值刻度和颜色色阶

9.1.1　刻度/色阶的属性

请注意，在图 9-1 中，按刻度/色阶映射的数据由对应的刻度/色阶属性定义——比如示例中的"Shape1.Fill"（形状 1.填充）及"Shape1.Height"（形状 1.高度）属性。每个刻度/色阶选项中都会列出关联的属性，这些属性标识出与字段绑定的所有属性，以及该刻度/色阶选项映射的数据。图 9-2 中列出了在"Scales"（刻度/色阶）窗格中相关属性的 3 个示例。

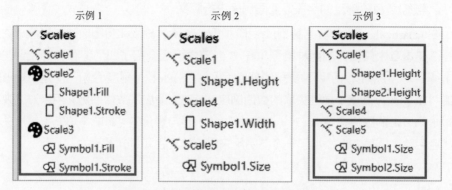

图 9-2　数据绑定到相关属性的刻度/色阶示例

在示例 1 中，两个不同的字段分别被绑定到两个与色阶相关的属性上：在"Scale2"（刻度/色阶 2）中，分类字段"SalesManager"被绑定到了矩形的"Fill"（填充）和"Stroke"（笔画）属性上；在"Scale3"（刻度/色阶 3）中，数值字段"数量"被绑定到圆形符号的"Fill"（填充）和"Stroke"（笔画）属性上。这两个刻度/色阶选项——"Scale2"和"Scale3"将不同的配色集合映射到对应的字段的属性上。

在示例 2 中，当相同的数值字段或 3 个不同的数值字段被绑定到 3 个不同的属性上时，就会生成 3 种不同的数值刻度——不论使用的数值字段是否相同，只要有数值字段被绑定到数值属性上，总会生成新的刻度选项。

在示例 3 中，相同的数值字段或不同的数值字段分别被绑定到两个不同形状和两个不同符号的相同属性上。根据 Scale（刻度/色阶）可以推断此图表可能是采用了两种形状组合而成的图标，也可能是此图表包含了两个形状的图标（第 11 章会介绍如何使用多个图标），含有两个符号的图表同理。此时，被绑定到同一个属性上的字段都属于同一个刻度/色阶选项，9.1.3 节会详细介绍。

根据以上 3 个示例，可以推断出色阶（译者注：由窗格里的标识符可以区分刻度和色阶，色阶的标识符为颜料板，刻度的标识符为刻度尺）适用于绑定到属性上的分类字段或绑定到非数值属性上的数值字段（译者注：大小、高度、宽度属于数值属性；填充色、笔画属于非数值属性）。更多关于色阶的内容会在 9.1.2 节中介绍。另外，刻度只与属性挂钩，跟与之绑定的数值字段不直接进行关联。

接下来会对色阶与刻度进行更详细的介绍。

9.1.2　色阶

当字段被绑定到与颜色相关的属性上[如填充、笔画（用于边框）或颜色（用于文本标记）]时，Charticulator 就会创建色阶选项。如果把分类字段绑定到与颜色相关的属性，则 Charticulator 会将不同的颜色映射到每一个类别，从而创建关联的色阶。将数值字段绑定到属性上后会生成渐变色色阶以定义高值和低值，如图 9-3 所示。

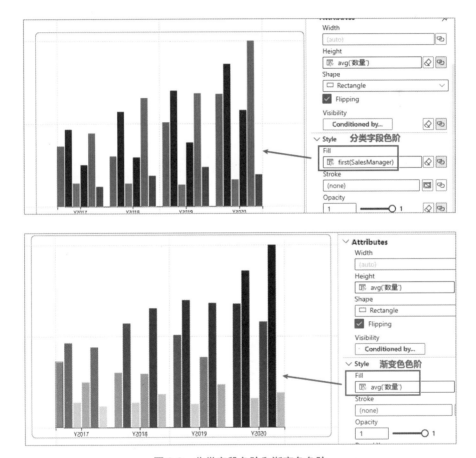

图 9-3　分类字段色阶和渐变色色阶

第 3 章简要介绍了如何编辑色阶，接下来就让我们回顾一下管理色阶方面的知识。

可以通过单击属性或"Scales"（刻度/色阶）窗格中对应的属性选项来编辑色阶的配色。例如，单击"Scales"（刻度/色阶）窗格中的"Shape1.Fill"（形状 1.填充）属性就能在弹出的对话框中编辑用于标识分类字段（如"SalesManager"）的矩形填充色，或者是用于标识数值字段（如"数量"）的渐变色，如图 9-4 所示。

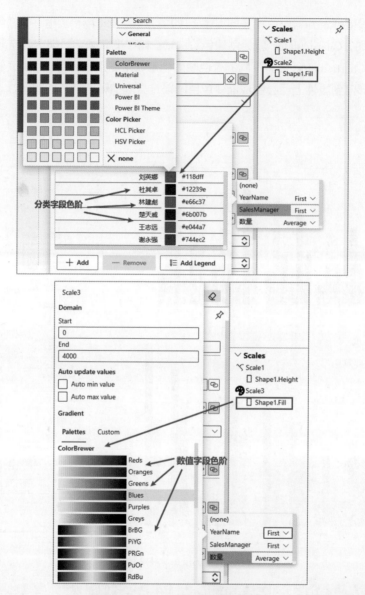

图 9-4　在 Charticulator 中编辑色阶

对于分类字段，可以在调色板中选择用于标识的颜色。对于数值字段，可以在调色板中选择配色方案，也可以在调色板右边的"Custom"（自定义）选项卡中创建定制的配色方案。

9.1.3 刻度

当把数值字段绑定到数值属性（如高度、宽度、大小或轴长）时就会生成刻度选项。如图 9-5 所示，其中"数量"字段分别被绑定到矩形的"Height"（高度）属性和符号的"Size"（大小）属性上。

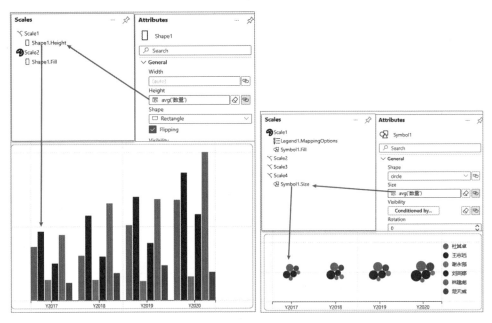

图 9-5　创建刻度

请记住，在 Charticulator 中，刻度有一个最重要的特性：一旦在 Charticulator 中生成了将数值字段映射到数值属性上的刻度选项，那么该刻度选项也会被用于随后被绑定并映射到同一属性上的其他数值字段，所有这些映射关系都会被罗列在对应刻度选项的第一个绑定字段下面。例如，在"Scale1"（刻度 1）选项下可能会有两个属性——"Shape1.Height"（形状 1.高度）和"Shape2.Height"（形状 2.高度），即有两个不同的数值字段分别被绑定到构成图标的两个矩形的高度属性上（请参考图 9-6）。在第二个数值字段被绑定到第二个矩形的高度属性上时，因为刻度已经在第一个字段被绑定时完成了设定，所以对数值字段进行绑定的先后顺序至关重要。请牢记这个特性，不然有可能导致我们设计出的图标效果与预期不一致。

如图 9-6 所示，图表包含两个度量值——"SalesQty.2019"和"SalesQty.2020"，它们分别与两个矩形的高度属性绑定了。

```
SalesQty.2019 = CALCULATE( SUM( '订单'[数量] ) , KEEPFILTERS( '日期'[YearName] = "Y20
19" ) )
SalesQty.2020 = CALCULATE( SUM( '订单'[数量] ) , KEEPFILTERS( '日期'[YearName] = "Y20
20" ) )
```

> **备注**："SalesQty.2019"和"SalesQty.2020"两个度量值在本例中用于示范刻度是如何创建的。本书第 14 章会更详细地介绍管理多个度量值的方法。

如图 9-6 所示，与"SalesQty.2019"绑定的矩形在图表中被正确绘制，但是与"SalesQty.2020"绑定的矩形溢出了绘图区。

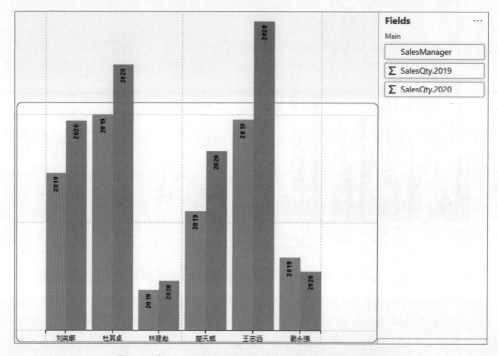

图 9-6　与"SalesQty.2020"绑定的矩形溢出了绘图区

在解答为何与"SalesQty.2020"绑定的矩形溢出绘图区这个问题之前，下面先介绍一下如何创建由两个矩形组成的图标——可不仅仅是简单地在图标窗格内添加两个矩形，再把度量值/数值字段拖曳到矩形的高度属性上那么简单。图 9-7 展示了错误的图标构建方式。

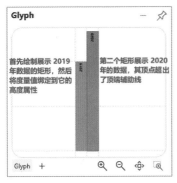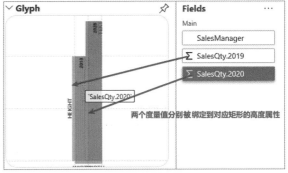

图 9-7　创建图标并将两个度量值分别绑定到两个矩形的高度属性上，
请记住字段的绑定先后顺序至关重要

首先在"Glyph"（图标）窗格的引导线内绘制第一个矩形，确保矩形的边分别被锚定在图标的顶端、中线、侧面和底部引导线上，接着把度量值"SalesQty.2019"绑定到矩形的"Height"（高度）属性上，这样在"Scales"（刻度/色阶）窗格中就生成了"Scale1"（刻度/色阶 1）选项。

第二个矩形由图标的顶端引导线上方开始绘制，并锚定到中线的另一半侧面和底部引导线上，再将度量值"SalesQty.2020"绑定到第二个矩形的"Height"（高度）属性上。完成后的效果如图 9-7 所示，矩形溢出绘图区。

导致上述结果的原因是度量值"SalesQty.2019"被绑定到第一个矩形的"Height"（高度）属性上后就自动按此度量值设定了"Scales"（刻度/色阶）窗格中"Scale1"（刻度/色阶 1）选项的"Start"（起始）和"End"（终止）值，矩形的高度也就映射度量值"SalesQty.2019"。因为度量值"SalesQty.2019"的最大值为"2620"，因此，"Scale2"（刻度/色阶 2）选项的"End"（终止）值会引用与"Scale1"（刻度/色阶 1）选项相同的"2620"，如图 9-8 所示。

在图表中添加度量值"SalesQty.2019"的数值图例，它的值域范围也与"Scale1"（刻度/色阶 1）选项一样。同理，当把度量值"SalesQty.2020"绑定到第二个矩形的"Height"（高度）属性上时，该矩形同样会根据"Scale1"（刻度/色阶 1）选项的值域范围映射矩形的高度。从严格意义上说，这并不是一种错误，究其原因，是由于"SalesQty.2020"的最大值为"3752"，超过了"Scale1"（刻度/色阶 1）选项的值域上限"2800"，所以才导致图 9-6 中的矩形溢出绘图区。正确的做法是先将度量值"SalesQty.2020"绑定到矩形的"Height"（高度）属性上，为两个矩形设置正确的值域，并且还需要以不同的顺序绘制矩形，如图 9-9 所示。

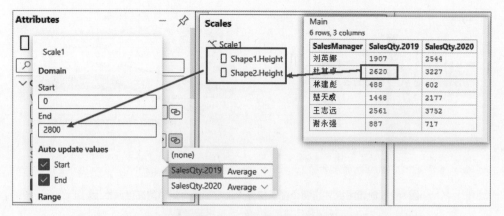

图 9-8 "Scale1"（刻度/色阶 1）的"End"（终止）值被第一个绑定的
度量值"SalesQty.2019"定义

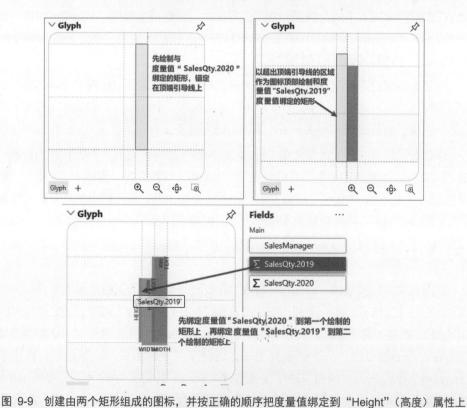

图 9-9 创建由两个矩形组成的图标，并按正确的顺序把度量值绑定到"Height"（高度）属性上

这样就能生成同时适用于两个度量值的值域范围（见图 9-10），图标也可以被正确地绘制在图表上。

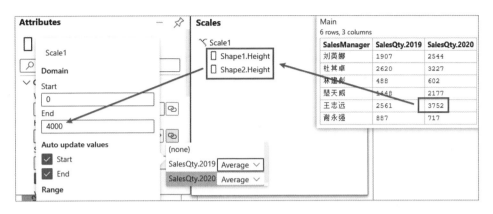

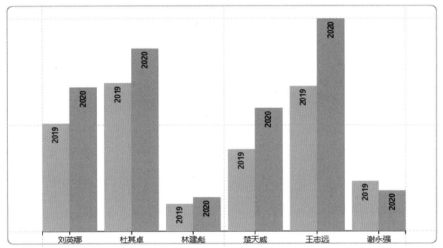

图 9-10　首先绑定度量值"SalesQty.2020"可以生成同时适用于两个度量值的值域范围

本节的重点并不是介绍如何使用两个度量值构建簇状柱形图（在第 14 章介绍如何使用多个度量值时，会说明如何用更简单的方法构建类似的簇状柱形图），而是帮助我们了解 Charticulator 如何处理刻度及它对数据最终呈现效果的影响——请记住，第一个被绑定的度量值/数值字段定义了刻度的值域范围。

1. 编辑刻度

与编辑色阶一样，可以通过单击"Attributes"窗格或"Scales"（刻度/色阶）窗格中的属性选项[比如"Shape1.Height"（形状 1.高度）选项]来编辑刻度。在编辑刻度时，可以选择编辑"Domain"（值域）和"Range"（范围）属性，如图 9-11 所示。

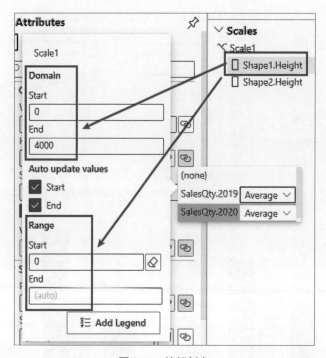

图 9-11　编辑刻度

　　在后面讲解图例的部分会介绍如何编辑"Domain"（值域）属性（请参考 9.2.5 节内容），在此之前先介绍一下"Range"（范围）属性。

　　如果你在图表中使用的是标记或线条而非符号，那么更改"Range"（范围）属性的值并不会对图表造成显著的影响。刻度的范围属性决定了最小的图标和最大的图标之间的差异。对图 9-10 而言，就是最低的矩形和最高的矩形之间的高度差。如果使用了标记或线条，则在首次绑定度量值/数值字段到数值属性时，Charticulator 会自动缩放标记或者线条的高度、宽度或长度以适配绘图区——这意味着假如更改了绘图区的大小，则图标也将自动重新缩放。简而言之，"Range"（范围）属性的"Start"（起始）和"End"（终止）值会约束图标在画布上的大小，如图 9-12 所示。

图标随绘图区大小的变化自动缩放

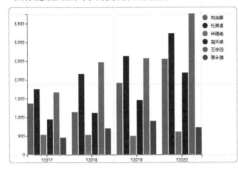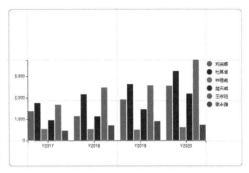

更改"Range"（范围）属性的"Start"（起始）和"End"（终止）值约束图标在图表中显示的大小

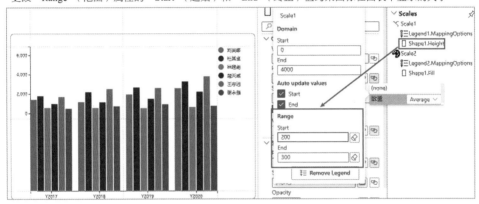

图 9-12　编辑刻度选项"Shape1.Height"（形状 1.高度）的"Range"（范围）属性

　　如果使用符号作为图标并将度量值/数值字段绑定到"Size"（大小）属性上，那么可以通过编辑"Range"（范围）属性的值来按比例调整符号的大小。如图 9-13 所示，单击"Scales"（刻度/色阶）窗格中的"Symbol1.Size"（符号 1.大小）属性后，你会发现与之前不同——符号的"Range"（范围）属性的"End"（终止）值是一个特定值（628.32），不论如何调整绘图区的大小，符号的大小并不会自动缩放，只有调整"End"（终止）值才会改变符号的相对大小。

　　使用"Range"（范围）属性的"Start"（起始）和"End"（终止）值控制符号相对大小的另一种用途是当度量值/数值字段被绑定到文本标记的"Size"（大小）属性上时，能够控制图表中文本的大小——让其在数值较小时仍旧清晰可见，在数值较大时也不至于太过突兀巨大。

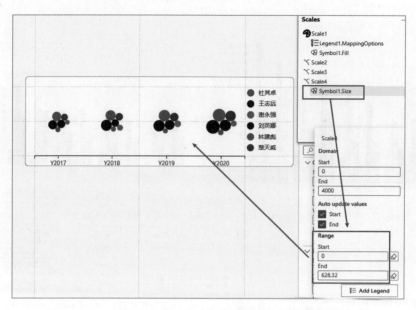

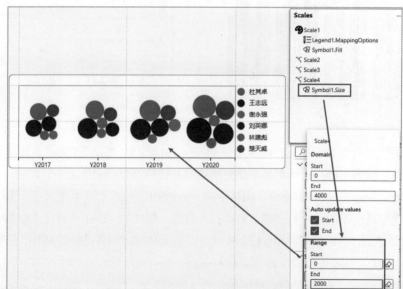

图 9-13　编辑"Symbol1.Size"（符号 1.大小）属性的范围

9.1.4　映射数据时创建其他刻度/色阶项

通过之前的内容我们已经了解到，在初次将度量值/数值字段绑定到矩形的高度属性上时，会为高度属性的所有后续映射设置相同的刻度。将值映射到矩形高度的刻度选项只限于高度属性，而不是度量值/字段，因此，不同的度量值/字段会共享相同的用于映射到高度属性上的刻度选项。但是，如果度量值/数值字段需要各自绑定的高度属性使用不同的刻度，该如何处理——比如想在簇状柱形图中同时对比折扣数量和销售数量；再比如，分类字段不管被绑定到哪种属性，都只能共享相同的色阶选项，如果希望在将分类字段绑定到不同属性时为每种属性使用不同的色阶，又该怎么做呢？

　　图 9-14 解决了上述疑问。在左侧的图表中，符号的"Fill"（填充）属性使用了第二个色阶选项，以便我们按圆形符号的颜色（红色和绿色）对应销售经理所属的部门。在右侧的图表中，数值字段"折扣"的第二个矩形的"Height"（高度）属性使用了第二个刻度选项。

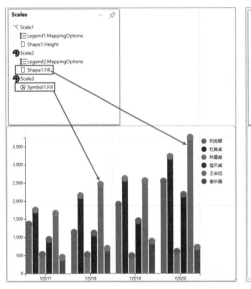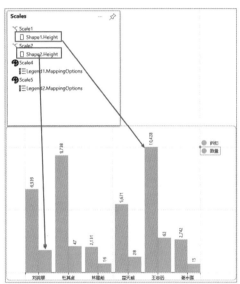

图 9-14　使用多种刻度/色阶选项

　　如果想在将度量值/字段绑定到属性上时生成新的刻度/色阶选项，就必须在通过拖曳字段将其绑定到属性上时按住 Shift 键，如图 9-15 所示。你会看到在"Scales"（刻度/色阶）窗格中创建了新的刻度/色阶选项。对于新的色阶选项，可以编辑配色，并在必要时为不同的类别使用同款配色。

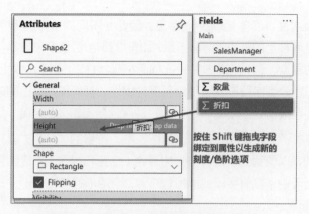

图 9-15　绑定数据时创建新刻度/色阶选项

9.1.5　重用刻度/色阶

　　除了能够创建新的刻度/色阶选项，还可以将现有的刻度/色阶选项拖曳到其他属性上进行重用。例如，要使用与矩形的填充色一样的色阶作为矩形边框的颜色，则只需把"Shape1.Fill"（形状 1.填充）选项拖曳到"Stroke"（笔画）属性上即可，如图 9-16 所示。

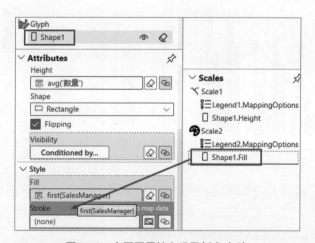

图 9-16　在不同属性上重用刻度/色阶

　　到此，我们学习了如何通过 Charticulator 创建刻度/色阶选项及进行编辑管理。一旦创建了新的刻度/色阶选项，你就会需要一种方式来对刻度/色阶所表示的值进行可视化。具体来说，要对代表标记的高度/宽度的刻度或表示类别/渐变色的色阶进行释义，此时就需要把图例添加到图表中。9.2 节会继续深入介绍如何创建和编辑图例。

9.2 图例

在 Charticulator 中，图例有两种类型——"Column names"（列名）和"Column values"（列值）。可以单击工具栏上的"Legend"（图例）按钮在弹出的下拉列表中选择其中一种，如图 9-17 所示。最常用的图例（也是本书目前为止在 Charticulator 中唯一使用过的图例）是"Column values"（列值）图例。

图 9-17 两种不同类型的图例

本节会探讨何时需要使用"Column names"（列名）图例，首先介绍创建图例的几种方式。

9.2.1 创建图例

有很多方法可以创建图例。最直观的方法是使用工具栏上的"Legend"（图例）按钮，这也是创建"Column names"（列名）图例的唯一方法。单击此按钮，弹出的下拉列表中会列出所有字段，从中可以选择字段添加图例，按住 Ctrl 键可以进行多选并创建多个列名图例。

然而，用上述方法添加"Column values"（列值）图例有一个缺点：单击"Legend"（图例）按钮后，在弹出的下拉列表里的字段不依赖于数据与属性的绑定，只能提供默认样式的图例，因此，图例会被映射到哪个刻度选项上不明确。例如，"数量"字段可能需要两个图例，一个用于色阶，另一个用于刻度。但通过工具栏上的"Legend"（图例）按钮只能添加刻度图例。更好的做法是使用"Scales"（刻度/色阶）窗格中的刻度/色阶选项来添加列值图例。在之前的章节已经学过，使用该方法还能让用户编辑色阶的颜色及刻度的值域和范围。在本例中，在"Scales"（刻度/色阶）窗格中单击"Scale1"（刻度 1）选项下的"Shape1.Height"（形状 1.高度）属性，就会弹出"Scales"（刻度）对话框，从中可以添加图例。也可以在"Attributes"（属性）窗格中单击已经与数据绑定好的属性来添加图例，比如本例的"Height"（高度）属性。

　　如果要使用宽度属性为 X 轴添加数值图例，就必须通过"Scales"（刻度/色阶）窗格中的属性（如图 9-18 所示）或者"Attribute"（属性）窗格中的"Width"（宽度）属性进行添加。直接通过单击工具栏上的"Legend"（图例）按钮的方式是无法实现的。

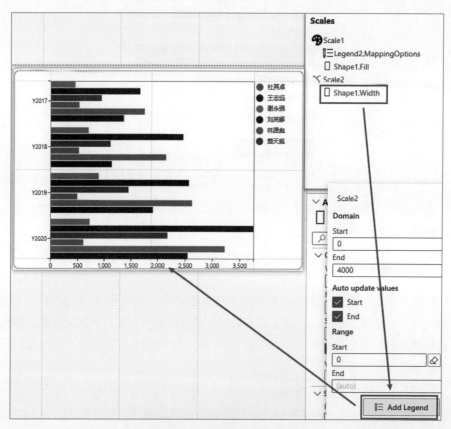

图 9-18　为 X 轴创建数值图例

　　通过设置"Scales"（刻度/色阶）窗格中的属性，用户既可以编辑刻度/色阶又能够添加图例。接下来的两节内容会介绍列值图例和列名图例类型的区别。

9.2.2 列值图例

在 Charticulator 中创建列值图例时，图例会与其映射数据的刻度/色阶选项一同被罗列在"Scales"（刻度/色阶）窗格内。

Charticulator 会根据图例所代表的刻度/色阶，创建以下 3 种列值图例中的一种，如表 9-1 所示。

（1）分类图例——图例将颜色映射到类别。

（2）渐变色图例——图例显示渐变色表示的值。

（3）数值图例——位于 X 轴或 Y 轴上的数值图例，数值图例类似于数值轴，但如 4.1 节所介绍的，数值图例对数据在图表中的绘制方式没有影响。

表 9-1　Charticulator 列值图例

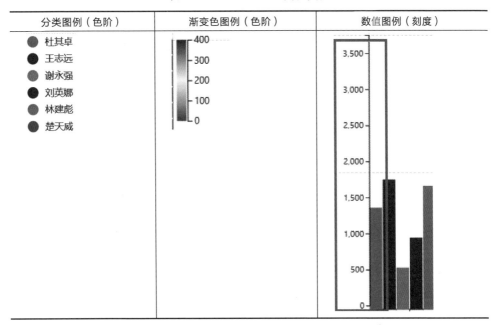

以上这些图例都是对通过刻度/色阶映射的数据的可视化展现。

9.2.3 列名图例

列名图例适用于图表中绘制了多个数值的场景。如图 9-19 所示，其中绘制了"数量"和"折扣"数值展示各销售经理的产品销售数量和折扣数量，这两个数值分别与

构成图标的两个矩形的高度属性绑定。要添加列名图例，则需要先单击工具栏上的
"Legend"（图例）按钮，并在弹出的下拉列表中选择"Column names"（列名）选项，
然后选择要在图例中显示的度量值/字段。按住 Ctrl 键可同时选中多个度量值/字段。
添加的图例会使用 Power BI 的默认配色，用户可以选中图例，在"Attributes"（属性）
窗格中单击"Edit scale colors"（编辑颜色）按钮来更改图表中对应元素的配色。

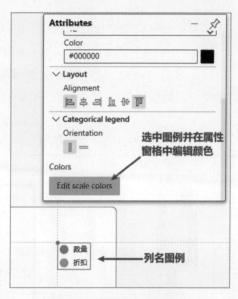

图 9-19　编辑列名图例配色

　　注意，在添加列名图例后，会在"Scales"（刻度/色阶）窗格中生成一个新的色阶
选项以将颜色映射到每个列名上。

　　当我们在第 14 章学习 Charticulator 的数据轴时，以这种方式使用列名图例非常
重要，其有助于我们了解绘制"宽"数据和"窄"数据的区别。

9.2.4　格式化和移动图例

　　我们添加的所有图例都会被罗列在"Layer"（图层）窗格里的"Chart"（图表）
组下。可以单击图例的名称激活它的"Attributes"（属性）窗格。在这里可以格式化
图例，对于分类图例，可以更改分类的顺序及改变图例在图表中的位置。

　　如图 9-20 所示，分类图例被移动到绘图区的顶部，并且形状由圆形变为了矩形；
此外，对于图 9-20 中的数值图例，"Line Color"（刻度线颜色）被改为绿色，"Tick Label
Color"（刻度数字颜色）被改为红色，还增加了"Tick Size"（刻度标记大小）。

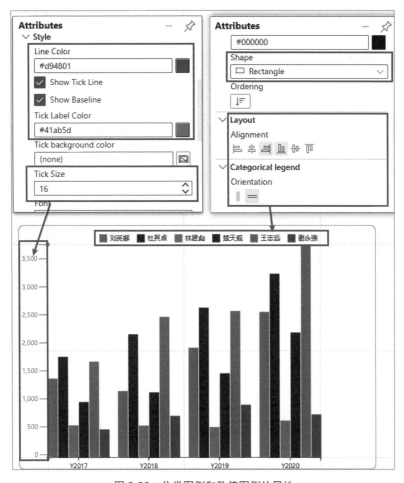

图 9-20 分类图例和数值图例的属性

备注： 如果想将分类图例移动到画布的其他位置，则需要将图例锚定到引导线或坐标引导线上，这也是第 10 章的主题。

9.2.5 编辑数值图例的刻度范围

单击刻度选项下的属性（如"Shape1.Height"）可以编辑数值图例的刻度范围。刻度的"Domain"（值域）属性显示了数值图例所映射的度量值/数值字段的起始值和终止值。图 9-20 所示的数值图例从 0 映射到 3500，这个范围囊括了"数量"字段（按年份/销售经理分组求和后）的最大值。可以编辑刻度的"Domain"（值域）属性的"Start"（起始）值更改数值图例的起始值，如图 9-21 所示。

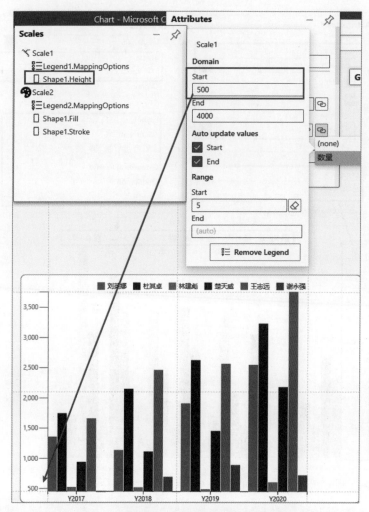

图 9-21　编辑值域以更改数值图例的起始值

更改数值图例的"Range"（范围）属性的"End"（终止）值可能会带来一些问题，因为在默认情况下图表是占据整个绘图区的，最长或最宽的形状会被延伸至绘图区的边缘上。这是由刻度的"Range"（范围）属性的自动缩放特性来控制的。如果想在绘图区的边缘与最长或最宽的形状之间留出更多的空间，就要编辑"Range"（范围）属性的"End"（终止）值。该值表示用户想要的最长或最宽的形状在绘图区里的高度或宽度，并强制让图例增加其相应的数值范围，如图 9-22 所示。

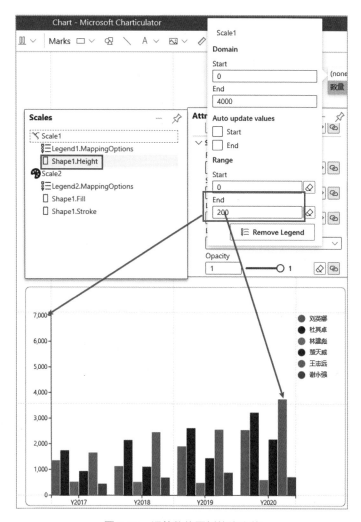

图 9-22　调整数值图例的终止值

调整"Range"（范围）属性的"End"（终止）值后，会在调整绘图区的大小时限制图标的自动缩放，需要谨慎使用。

> **备注**：如前几章所述，在编辑刻度时请不要忘记取消勾选"Auto update values"（自动更新值）选项下的"Start"（起始）和"End"（终止）复选框，不然保存图表后刻度将回复至原样。

如果在"Layer"（图层）窗格中选中了"Legend"（图例）选项，那么在"Attributes"（属性）窗格中就可以设置刻度线格式并如 8.4 节介绍的那样更改刻度标签格式。

关于 Charticulator 的刻度/色阶学习之旅就此告一段落了。对于初学者，这部分是最难掌握的内容之一。通过本章的学习，对于"Scales"（刻度/色阶）窗格中的各种选项，你将不再陌生。在 9.1.4 节你了解了在绑定字段时按住 Shift 键能生成新的刻度/色阶选项。通篇的内容还让你明白刻度/色阶的"Domain"（值域）和"Range"（范围）属性的作用，以及用来控制图表中图标的大小和缩放。现在，你应该掌握了有关 Charticulator 的刻度/色阶的所有重要知识。随着学习的深入，这些知识对于你的图表设计会愈发关键。

在着手构建更复杂的图表之前，你还需要掌握一项必备技能——在图表的画布和"Glyph"（图标）窗格中进行布局。为此，你需要熟练运用 Charticulator 的引导线、坐标引导线和锚定元素这 3 个功能。如果你曾试图移动过一个分类图例或图表标题的位置，则你可能已经注意到这并非很容易。请进入第 10 章解决这些困惑吧。

第 10 章

引导线和锚定

你是否遇到过单击保存按钮后图表元素不再停留在原来的位置上的情况？又是否遇到过放置在坐标轴上的标题突然移动到画布的其他位置上的情况？如果回答是肯定的，那么本章就是帮你解决这类问题的良方。通过本章的学习，你将了解到如何防止图表元素在画布或图标窗格中四处游移，让其锚定到默认引导线或用户设置的自定义引导线上。你还会学到如何使用默认引导线、创建自定义引导线，以及将元素锚定到默认/自定义引导线上。

参考图 10-1，为防止图表元素离开自己的位置，所有图表元素都已被锚定到默认引导线和用户创建的自定义引导线上。其中绘图区和矩形被锚定到默认引导线上，其他图表元素则被锚定到自定义引导线上，包括图表标题、X 轴和 Y 轴标题、图例及圆形符号。

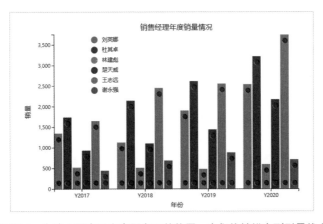

图 10-1　为防止图表元素离开自己的位置，它们均被锚定到引导线上

在保存这张图表时，所有图表元素都会待在你现在看到的位置，不会突然移动到其他位置上。要全面了解如何使用引导线及进行锚定，你需要先学习可以锚定图表元素的两种引导线——默认引导线和自定义引导线，然后再学习进行锚定的具体步骤。

10.1 默认引导线

一旦创建了 Charticulator 图表，画布和"Glyph"（图标）窗格中就预设了多条默认的引导线。画布上的默认引导线显示为淡灰色线条，并且标记出水平和垂直方向的中心点。绘图区被固定于这些引导线所形成的范围之内，如图 10-2 所示。

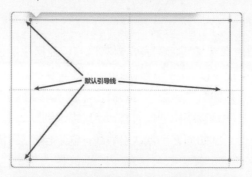

图 10-2   被锚定到画布默认引导线上的绘图区

引导线交叉部分如果显示为绿色圆点，就代表绘图区（或是其他图表元素）已被成功锚定到引导线上；如果显示为白色圆点，则意味着绘图区没有被锚定（请参考 10.4 节内容）。

在"Glyph"（图标）窗格中，引导线标出了图标的边界，以及水平和垂直方向的中心点。构成图标的标记和符号必须被锚定在这些引导线上，如图 10-3 所示。

图 10-3   图标必须被锚定在引导线上

此外，也可以创建自定义引导线并将其添加到画布或"Glyph"（图标）窗格中，然后将图表元素锚定到其中。

10.2　创建自定义引导线

单击工具栏上的"Guides"（引导线）按钮并在弹出的下拉列表中选择"Guide X"（X 轴引导线）/"Guide Y"（Y 轴引导线 ）可以创建垂直/水平方向上的引导线。请注意，在弹出的下拉列表中有两对名称相同的选项，这可能会让你感到困惑，图 10-4 中标出了哪一对是引导线，哪一对是坐标引导线。在此我们选用"引导线"对应的选项。

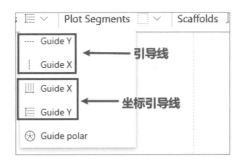

图 10-4　在工具栏的下拉菜单中选择引导线或坐标引导线

然后单击画布或"Glyph"（图标）窗格以创建引导线，同时，在"Layer"（图层）窗格中会新增引导线选项。可以在"Layer"（图层）窗格中选中引导线并在其"Attributes"（属性）窗格中调整位置。对于我们创建的自定义引导线，可以在画布或"Glyph"（图标）窗格中预设的引导线里挑选一条来设置其相对的位置偏移。例如，对于水平引导线，有"Top"（顶端）、"Middle"（中间）或"Bottom"（底部）这 3 种引导线可供选择。在如图 10-5 所示的图表中，我们选择了画布的顶端引导线并对自定义引导线的位置设置了相对顶端引导线的位置偏移。

更为直接的做法是直接在画布或"Glyph"（图标）窗格中拖曳引导线来重新定位，此时被锚定在引导线上的所有图表元素也会相应地移动。

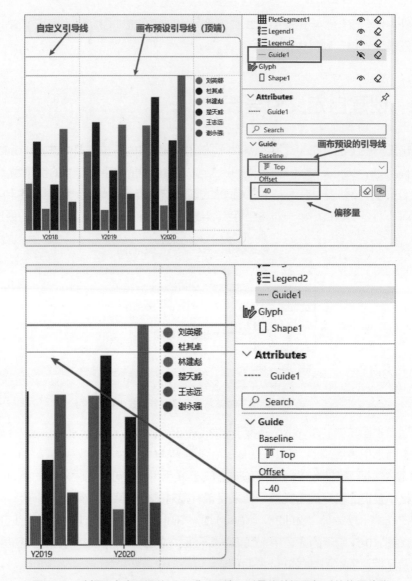

图 10-5　选择画布中预设的"Top"（顶端）引导线并设置相对的位置偏移

10.3　创建自定义坐标引导线

　　坐标引导线由一组具有相同间隔的多条垂直引导线或水平引导线构成。在默认情况下，Charticulator 中预设了两条坐标引导线，不过我们也可以根据需要增加坐标引导线的数量。单击工具栏上的"Guides"（引导线）按钮并在弹出的下拉列表中选择坐标引导线对应的"Guide X"（X 轴坐标引导线）或"Guide Y"（Y 轴坐标引导线）选项，然后将水平方向或垂直方向上的坐标引导线添加到画布或"Glyph"（图标）窗格中。为确保坐标引导线能够顺利绘制，我们必须沿着引导线拖曳鼠标并将其固定到默认引导线上，如图 10-6 所示。然后就可以使用坐标引导线的"Attributes"（属性）窗格中的选项设置坐标引导线的数量了。

图 10-6　在"Glyph"（图标）窗格中绘制"Guide X"（X 轴坐标引导线）

　　在画布或"Glyph"（图标）窗格中绘制坐标引导线后，各条坐标引导线的间距是固定的，无法像引导线一样直接通过拖曳鼠标进行调整。

10.4　把图表元素锚定到引导线上

　　将引导线/坐标引导线添加到画布或"Glyph"（图标）窗格中后，我们就可以把图表元素锚定到引导线上了。在 Charticulator 中，图表中的每个元素都必须被锚定默认引导线、自定义引导线或坐标引导线其中之一。选中图表元素后，显示为绿色圆点的部分即为锚点。可以通过将锚点拖曳至水平引导线和垂直引导线的交点上来锚定元素，或者在引导线包围的区域内绘制并拖曳元素进行锚定。单击两条引导线的交点就可以直接锚定文本标记。请确保锚点处在引导线上，否则锚定将失效。在保存图表时，图表元素就会自行移动。

> **提示**：如果锚定后锚点显示为具有绿色边框的白色圆点而非绿色圆点，则代表元素尚未被锚定，需要用户进一步调整。

如果想在画布上添加图表标题或轴标题，则首先需要根据要锚定标题的位置创建引导线，然后单击工具栏上的文本标记按钮并在两条引导线的交点——也即锚点处单击以进行锚定，如图 10-7 所示。

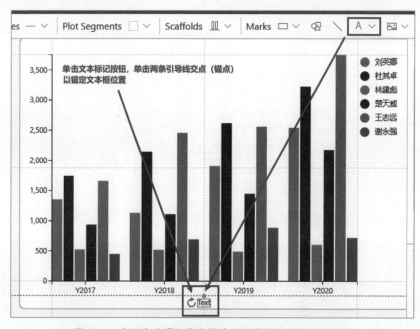

图 10-7　在画布中添加作为图表标题或轴标题的文本标记

图 10-8 中展示了把图表元素和图标元素锚定到引导线上的 4 种示例。

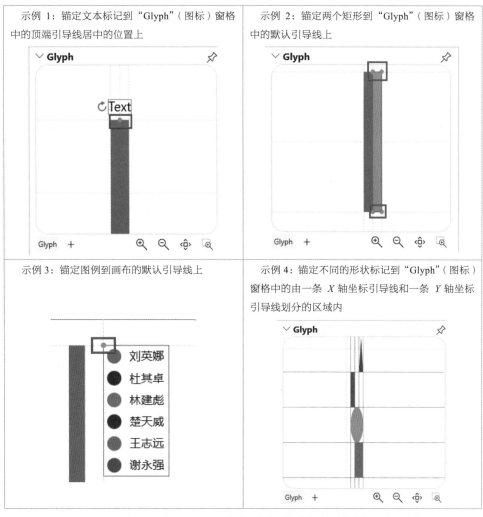

图 10-8 将图表元素和图标元素锚定到引导线/坐标引导线上的 4 种示例

图 10-1 中为锚定不同元素而创建的引导线均在图 10-9 中被展示出来了。

在图 10-9 所示的画布中添加了两条 X 轴引导线（Guide X）用来锚定 Y 轴的标题"销量"和代表各销售经理的图例，以及两条 Y 轴引导线（Guide Y）用来锚定 X 轴标题"年份"和图表标题"销售经理年度销量情况"。在"Glyph"（图标）窗格中有两条水平引导线将黑色圆形符号锚定在矩形标记的相应位置上。

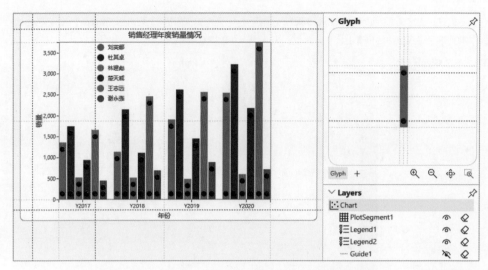

图 10-9　画布和 "Glyph"（图标）窗格中使用的引导线

通过本章，你会了解图表的所有元素都得被锚定在引导线上，并且需要创建自定义引导线，以便在画布或"Glyph"（图标）窗格中的合适位置上锚定各种元素。引导线极大地满足用户创建图表标题和轴标题等设计需求——你或许会认为用 Power BI 内置的视觉对象添加图表标题和轴标题更加简单，但是 Power BI 的绝大多数视觉对象不支持用户将标题或图例放置在图表的任意位置上，对于这一点，Charticulator 在设计的灵活性方面更胜一筹。

充分掌握将图表元素锚定到自定义引导线上的技能让我们可以继续探索 Charticulator 的另一个关键特性——多个绘图区的使用。因为每个绘图区都要被锚定到引导线上，所以让用户能够借助引导线在单个 Charticulator 视觉对象中嵌套设计多种图表，绝对是 Charticulator 的又一大特点！在第 11 章中，你会学到使用多个绘图区让你的可视化设计能力再进一步，从而可以讲述更为精彩的数据故事。

第 11 章

使用多个平面绘图区

在 5.1 节中介绍了如何在画布上的默认引导线内创建和拖曳平面绘图区。由于用户在初次打开新建的 Charticulator 图表后就能看到画布上已经锚定了一个平面绘图区，因此，初学 Charticulator 的用户一般不会有自建绘图区的习惯。不过学完本章后情况则不同了，你会了解到自建绘图区的一大好处：能够设计出多个绘图区叠加后的视觉效果，也即在单个视觉对象的可视化设计中运用多种互补的图表。

用户可以根据需要创建任意数量的绘图区，每个绘图区中都可以包含不同的图标。这是 Charticulator 的又一个重要特性，图 11-1 所示的是一个典型的示例。

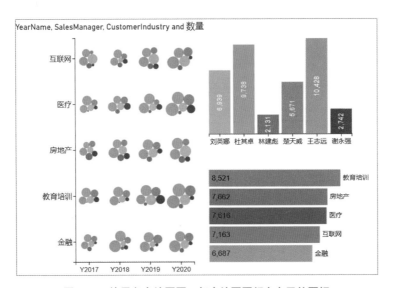

图 11-1 使用多个绘图区，每个绘图区都有自己的图标

除了可以使用不同的图标，每个绘图区还拥有一组独立的属性，其中的一个属性"Group By"（分组依据）专门用于与其他绘图区配合使用——用户可以利用分组依据对图表中的分类项进行聚合分析（总和、均值、最大值、最小值等）的视觉效果设计。11.3 节会对分组依据做详细探讨，之后的 11.4 节会介绍它的附属属性"Filter by"（筛选依据）。

11.1 使用第二个平面绘图区

下面开始吧！让我们继续使用示例数据集中的字段"YearName""SalesManger""数量"，尝试在全新的画布上创建两个绘图区。把"PlotSegment1"（绘图区 1）从"Layer"（图层）窗格中删除，然后单击工具栏上的"Plot Segments"（绘图区）按钮，在弹出的下拉列表中选择"2D Region"（平面绘图区）选项，沿着水平方向的引导线绘制两个新的平面绘图区并平铺在画布中，注意要将绘图区锚定在引导线上，如图 11-2 所示。

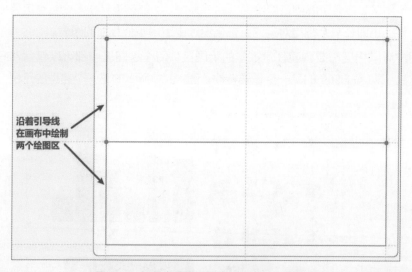

图 11-2 把两个绘图区锚定到画布的引导线上

在"Glyph"（图标）窗格中添加一个矩形并把数值字段"数量"绑定到"Height"（高度）属性上，将分类字段"SalesManager"绑定到"Fill"（填充）属性上。此时，两个绘图区中的图表显示相同的数据。接着把分类字段"YearName"绑定到图表上半部分的绘图区的 X 轴上并在"Attributes"（属性）窗格的"Visibility & Position"（可见性和位置）选项中把"Position"（位置）属性设为"Opposite"（相反）以将 X 轴置于图表顶部。然后对下半部分的绘图区中的图标按"数量"字段升序排序，并使用顶部对齐（译者注：设置排序和对齐的方法可分别参考 5.3.3 节与 5.5 节）。最后在图表上添加"SalesManager"图例，如图 11-3 所示。

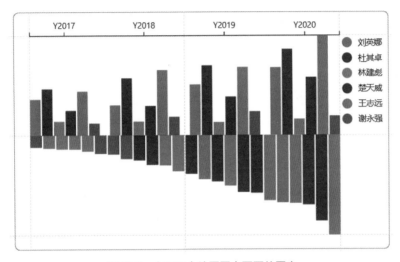

图 11-3　上下两个绘图区中不同的图表

　　对于图 11-3 所示的图表，有诸多可改进之处——比如顶部坐标轴和画布下半部分的图表不适配，并且相比将它们组合在一起，将这两个绘图区中的图表单独展示效果会更好。没关系，现在只是先让你熟悉两个绘图区的基本用法。之后会在下半部分的绘图区中使用不同的形状、颜色和大小的图标，并更换绑定的数据。实现了这一步将大大拓展我们在可视化设计上的发挥空间。

11.2　使用其他图标

　　承接 11.1 节，下面使用不同的图标重新设计图 11-3 中下半部分的图表，效果如图 11-4 所示——在一幅图表中既能够横向比较几位销售经理各年度的销量数据，又可以纵向对比每一位销售经理各年度的销量数据。

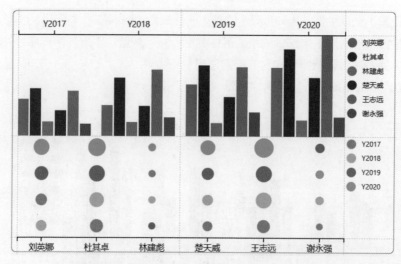

图 11-4　对每个绘图区使用不同的图标为我们的可视化设计提供了更多的发挥空间

　　在图 11-3 所示的图表的基础上，先从"Layers"（图层）窗格中删除"PlotSegmcnt2"（绘图区 2）。然后，单击"Glyph"（图标）窗格左下角的加号按钮，在弹出的"Glyph"（图标）面板中会有一条信息提示用户创建新的绘图区，如图 11-5 所示。

图 11-5　创建第二个图标后需要新增绘图区

　　按"Glyph"（图标）窗格中的提示信息在画布上绘制第二个绘图区，这一步完成后，之前新增的图标"Glyph"就能和第二个绘图区相关联到一起。在画布上绘制绘图区的步骤请参考 11.1 节。

接下来就可以设计第二个图标了。这一次选用了圆形符号，将"YearName"字段绑定到符号的"Fill"（填充）属性上，将"数量"字段绑定至"Size"（大小）属性上。然后按如下步骤编辑第二个绘图区的属性。

（1）将"SalesManager"字段绑定到 X 轴。

（2）应用"Stack Y"（Y 轴堆叠）子布局（译者注：子布局相关内容可参考 5.2 节）。

（3）按"数量"字段降序排列图标（译者注：图标排序相关内容可参考 5.3.3 节）。

最后添加"YearName"字段的图例并调整其在画布中的位置——拖曳该图例左上角的绿色锚点，将其锚定到画布中央的引导线的右端。

11.3　使用分组依据

本节介绍如何使用绘图区的另一个特性——按分类字段对数据进行分组，再进行分组汇总。如图 11-6 所示，下半部分的绘图区中的矩形表示一年的汇总销量，而上半部分的绘图区中的矩形表示按销售经理划分的销量。

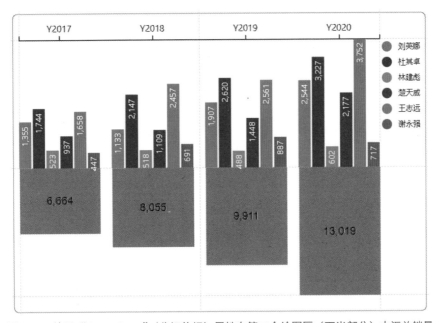

图 11-6　使用"Group by…"（分组依据）属性在第二个绘图区（下半部分）中汇总销量

下面用一张全新的 Charticulator 图表构建如图 11-6 所示的示例。由于要为上半

部分的图表的"Height"（高度）属性生成新的刻度，所以这里要先绘制下半部分的绘
图区，其中的数据按"YearName"字段分组。首先从"Layers"（图层）窗格中删除
"PlotSegment1"（绘图区 1），然后沿画布下半部分的引导线绘制新的绘图区。在这个
绘图区中使用"Group by…"（分组依据）属性，按"YearName"字段对数据进行分
组，如图 11-7 所示。

图 11-7　使用绘图区的 "Group by…"（分组依据）属性

接着在"Glyph"（图标）窗格中使用矩形来表示每年的销量，将矩形的填充颜色
设为灰色，将"数量"字段绑定到矩形的"Height"（高度）属性上。注意，高度属性
默认显示销量的平均值，由于在本例中矩形的高度要反映销量总和，所以这里单击
"Height"（高度）属性并从弹出的下拉列表中选择"Sum"（求和）函数，如图 11-8 所
示。

图 11-8　更改"Height"（高度）属性使用的聚合函数

在矩形图标中添加一个文本标记，将"数量"字段绑定到"Text"（文本）属性上以显示总销量。同样，也要注意把文本标记使用的聚合函数从默认的"avg"（均值）改为"sum"（求和），如图 11-9 所示。最后将绘图区内的图标对齐方式设置为顶端对齐。（译者注：图标对齐内容可参考 5.5 节。）

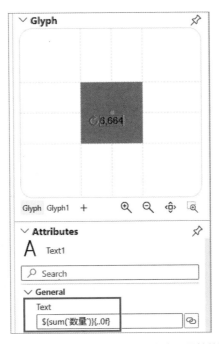

图 11-9　需要编辑文本标记的"Text"（文本）属性的聚合函数

现在添加第二个图标，然后创建位于图表上半部分的第二个绘图区——其中的图表是由矩形作为图标构成的簇状柱形图，用来显示在前面多次创建的各个销售经理的销量数据。注意，当将"数量"字段绑定到矩形的"Height"（高度）属性上时，务必在拖曳"数量"字段到"Height"（高度）属性上的同时按住 Shift 键，因为此时必须为高度属性创建一个新的刻度。该刻度表示的是平均销量，而不是在设置第一个绘图区时用到的销量总和。你可以再次重温本书第 9 章的内容，那里具体介绍了如何管理 Charticulator 的刻度/色阶。最后对齐文本标记并添加销售经理的图例，到此就大功告成啦！

11.4 使用筛选依据

可以使用常规的 Power BI 筛选器，比如切片器或视觉对象级别筛选器来筛选 Charticulator 视觉对象中显示的数据。如果要分析一张图表中不同绘图区中的分类选项，就需要使用"Filter by"（筛选依据）属性。如图 11-10 所示，上下两个绘图区中分别显示了不同年份部分省份的销量数据。

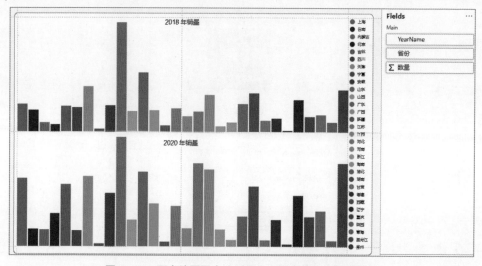

图 11-10 两个绘图区中分别显示了不同年份的销量数据

图 11-10 中使用了两个绘图区和两个矩形。其中"数量"字段被绑定到两个矩形的"Height"（高度）属性上，"省份"字段被绑定两个矩形的"Fill"（填充）属性上。然后设置两个绘图区的"Filter by"（筛选依据）属性，分别选择"Categories"（类别）选项作为筛选类型，并分别勾选"2018 年"和"2020 年"选项，如图 11-11 所示。

如果想添加同时适用两个绘图区的数值图例，就必须借助第 14 章中介绍的利用数据轴创建图表的技巧。现在，你可以通过暂时在绘图区中新增两个文本标记并将其分别锚定到两个绘图区的顶部中央位置来划分年份。

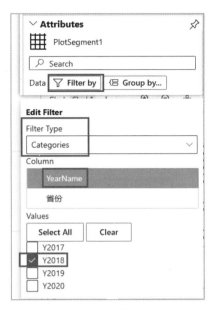

图 11-11 使用"Filter by"(筛选依据)属性

11.5 实操练习:设置绘图区和图标

在本章中,你学到了如何使用多个绘图区,添加更多的图标,使用"Group by…"(分组依据)和"Filter by"(筛选依据)对数据进行分组和筛选,这些可都是相当实用的技能!现在你可以回头挑战一下创建如图 11-1 所示的图表。这张图表使用了 3 个分类字段:客户表中的"CustomerIndustry"字段、日期表中的"YearName"字段及销售经理表中的"SalesManager"字段,还有一个数值字段:订单表中的"数量"字段。图 11-12 中给出了一些提示,红色标注框中的部分是图表的 3 个绘图区,需要使用引导线来定位和锚定这些绘图区,右侧的"Layers"(图层)窗格对你了解需要用到哪些元素也有所帮助。

这是一个相当具有挑战性的练习,需要你综合运用关于 Charticulator 的各种特性和绘图技巧。如果你能够顺利完成任务,那么恭喜你,你正在快速成长为一名 Charticulator 专家!

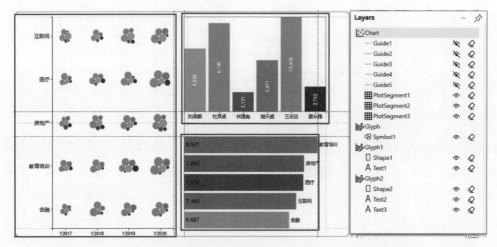

图 11-12 这张图表使用 3 个绘图区、3 个图标和一些自定义引导线

通过本章，你可以了解到通过使用多个绘图区，无论是在一个视觉对象里设计互补的图表，还是汇总特定的分类数据，都将使你的可视化设计效果更加丰富多彩。相信随着你的学习与实践的不断深入，会有越来越多的场景需要用到多个绘图区和图标来设计图表。

不过，还有两个对绘图区有重要影响的元素到目前为止还未提及，那就是 Charticulator 的水平线支架和垂直线支架。它们是什么？为什么需要使用它们？在第 12 章会揭开谜底。

第 12 章

水平线支架和垂直线支架

　　假设用户创建了一张 Charticulator 图表，即便没有绑定任何字段到坐标轴，也未应用任何子布局，图标在绘图区内也仍旧能够在水平或垂直方向整齐地堆叠排列。为什么在用户未做任何设置，以及没有设置图表属性来驱动布局的情况下，Charticulator 能够这样排列图标？ Charticulator 依靠的是 "Scaffolds"（支架）功能。"Scaffolds"（支架）功能可以在坐标轴没有绑定字段的情况下决定图标的堆叠布局并替换已应用的子布局。本章会介绍 Charticulator 的 "Horizontal Line"（水平线支架）和 "Vertical Line"（垂直线支架）在图表中排列图标的方法。

　　在深入研究本章主题之前，让我们先来回顾一下第 5 章中介绍的关于如何控制和放置图标到绘图区中的内容：有两个关键因素决定了图表布局——绑定到轴上的字段和子布局。如果将 "YearName" 字段绑定到 X 轴上并将子布局更改为 "Stack Y"（Y 轴堆叠），或者将 "YearName" 字段绑定到 Y 轴上并应用 "Stack X"（X 轴堆叠）子布局，那么图表的样式就会如图 12-1 所示。

　　除了以上两个因素，第三个影响图表布局的因素是应用于绘图区的 "Scaffolds"（支架）功能。当 X 轴或 Y 轴未与字段绑定时，水平线支架和垂直线支架就会决定图表布局。应用 Charticulator 工具栏中的 "Scaffolds"（支架）功能可以始终优先影响图表布局并会覆盖绘图区的子布局样式。如图 12-2 所示，其中没有字段被绑定到 X 轴上，Y 轴上的数值刻度是添加的图例而非绑定的字段，此时水平线支架和垂直线支架被应用于绘图区。下面会一步步介绍如何构建这张图表。这里使用的方式与创建其他图表的方式截然不同——Power BI 的原生视觉对象和大多数第三方视觉对象不支持在没有坐标轴的情况下设计出这类图表。

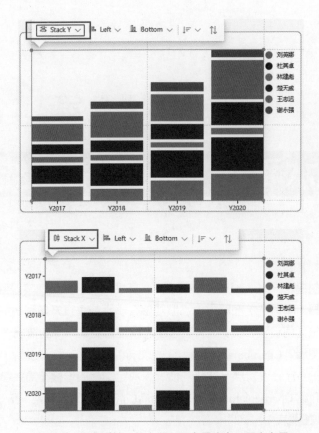

图 12-1　绑定到轴上的字段和子布局决定了图表布局

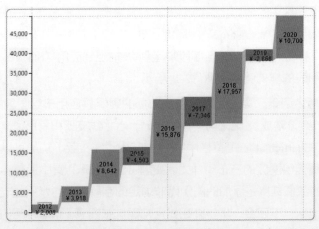

（注：矩形上方数字表示年份；下方数字表示金额，单位为元）

图 12-2　图表的布局由支架功能决定

先创建如图 12-3 所示的图表，其中"数量"字段被绑定到矩形的"Height"（高度）属性上，"SalesManager"字段被绑定到"Fill"（填充）属性上。请注意，X 轴和 Y 轴无须绑定字段——本例会通过支架功能决定图表布局，而不是绑定到轴上的字段或是子布局。

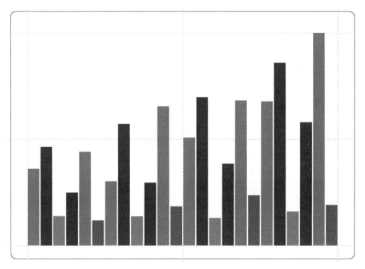

图 12-3　X 轴和 Y 轴无须绑定字段

12.1　应用支架

单击工具栏中的"Scaffolds"（支架）按钮并在弹出的下拉列表中选择"Horizontal Line"（水平线支架）或"Vertical Line"（垂直线支架）选项，将其拖曳至绘图区就可以应用支架了。如图 12-4 所示，其中应用了垂直线支架，图标平行于 Y 轴并沿水平方向堆叠。

此时查看绘图区的"Attributes"（属性）窗格，会看到"Y Axis"（Y 轴）属性被设为"Stacking"（堆叠），而不是绑定的字段，如图 12-5 所示。

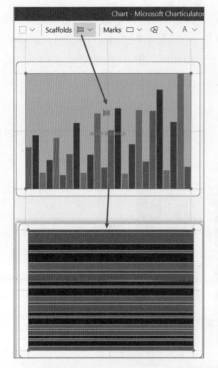

图 12-4　应用垂直线支架　　图 12-5　绘图区的 Y 轴属性被设为"Stacking"（堆叠）

　　以相同的方法再应用"Horizontal Line"（水平线支架）到绘图区中，此时"X Axis"（X 轴）属性也被设为了"Stacking"（堆叠），如图 12-6 所示。

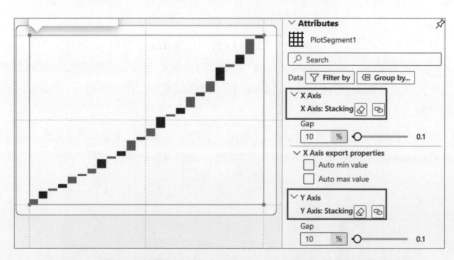

图 12-6　X 轴和 Y 轴属性均被设为"Stacking"（堆叠）并同时作用于图表

> **备注：** 可以在属性窗格中单击"X Axis"（X 轴）属性和"Y Axis"（Y 轴）属性，再单击 Y 轴属性右侧的橡皮擦按钮移除当前应用到坐标轴上的支架。

现在就有控制 X 轴和 Y 轴布局的支架了，后面会介绍如何将支架与绑定到 X 轴或 Y 轴上的字段进行组合以创建分类轴或数值轴。

12.2 支架与分类轴的组合使用

在图 12-3 所示的图表的基础上[其中"数量"字段已经被绑定到了矩形的"Height"（高度）属性上]，把"YearName"字段绑定到 X 轴上并应用"Vertical Line"（垂直线支架），两者组合后生成了分类 X 轴，如图 12-7 所示。请注意这时支架是如何控制 Y 轴布局的。

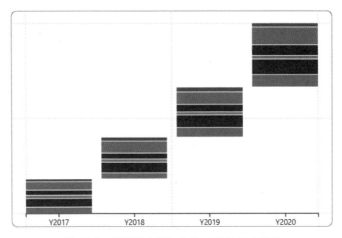

图 12-7 垂直线支架和分类 X 轴的组合使用

还是以图 12-3 所示的图表为基础，将"YearName"字段绑定到 Y 轴上并应用"Horizontal Line"（水平线支架），如图 12-8 所示。同样，请注意这时支架又是如何控制 X 轴布局的。

想必你对这些布局可以发挥什么作用感到好奇，在学习完 12.3 节介绍的使用支架与字段组合创建数值轴的内容后，你会对此有更为全面的理解。

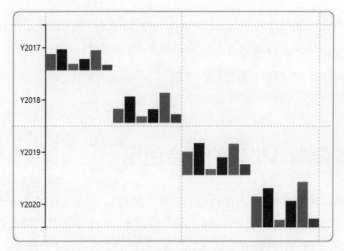

图 12-8　水平线支架和分类 Y 轴的组合使用

12.3　支架与数值轴的组合使用

如果将支架与数值轴组合使用，则可以获得更有趣（也更实用）的布局。可以将其用来创建散点图，但不必像 Power BI 的散点图那样需要使用数值 X 轴和数值 Y 轴。图 12-9 使用了"YearName""SalesManager""数量"3 个字段，以圆形符号作为图标，"数量"字段被绑定到 Y 轴上生成数值轴，同时"YearName"字段被绑定到符号的"Fill"（填充）属性上。在对绘图区应用"Horizontal Line"（水平线支架）后就能得到支架与数值轴组合使用的图表效果。最后为"YearName"字段添加图例以使图表更加直观，此时可以看到符号（即数据点）组成了散点图，其中显示了每位销售经理各年度的销量。

如果在移除绘图区的 X 轴的支架后，再将"YearName"字段绑定到 X 轴上，那么数值相近的数据点会出现重叠的现象，如图 12-10 所示。在学习本章介绍的内容之前，这就是组合使用数值轴和分类轴的常规套路。

与常规的方法相比，图 12-9 通过将支架与数值轴组合使用，在没有使用两个数值轴的条件下就构造出了散点图。除此以外，我们还能用支架来做什么呢？请再回头看一下图 12-2，根据支架可以在没有字段被绑定到 X 轴和 Y 轴上时对图表进行布局的特性，图 12-2 所示的这张损益图尤其适合用支架功能来实现。请思考一下该如何设计出该图表。

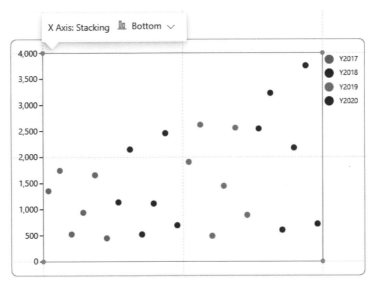

图 12-9　垂直线支架和数值 Y 轴的组合使用

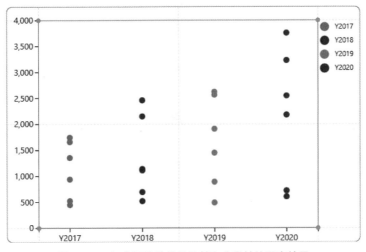

图 12-10　组合了传统的数值轴和分类轴的图表效果

图 12-11 中使用了矩形图标，"Profit"字段被绑定到矩形的"Height"（高度）属性上，"Sign"字段被绑定到矩形的"Fill"（填充）属性上，并使用了文本标记表示"Year"和"Profit"字段，生成一张显示损益情况的柱形图。这也是在应用支架功能实现图 12-2 所示的效果之前的图表形式。

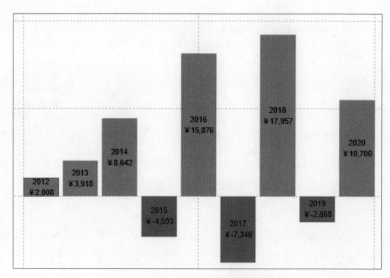

图 12-11　显示损益数据的图表效果

在图 12-11 所示的图表绘图区中同时应用垂直线支架和水平线支架，更新的布局如图 12-12 所示。

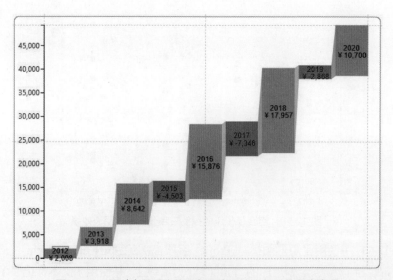

图 12-12　同时应用垂直线支架和水平线支架后的图表布局

最后给图表增添细节实现如图 12-2 所示的最终效果：为"Profit"字段添加图例并显示在 Y 轴上，使用一个条带连接各个矩形（这一步会在第 15 章中详细介绍）。图表的 X 轴和 Y 轴均没有被绑定字段。

　　通过本章，你掌握了除子布局外又一个能对图表进行布局的功能——"Scaffolds"（支架）。在充分熟悉支架功能之前，可能你仍会觉得垂直线支架和水平线支架的应用场景不多——类似于构造一张没有数值轴的散点图的需求并不太常见。绝大多数用户仍会优先采用拥有更多设计选项的子布局功能来设置图表布局。

　　在第 13 章中会介绍应用更为广泛的支架功能——"Polar Scaffolds"（环形支架）。到目前为止，我们还没有用 Charticulator 创建类似饼图及各种环形图（如甜甜圈图）呢。其中的原因是要创建这类图表就得用到 Charticulator 的环形支架功能。现在是时候学习第 13 章的内容了，让我们把注意力从单调乏味的柱形图上移开，转到设计环形图和雷达图上。

环形支架

在第 12 章中介绍了如何使用水平线支架和垂直线支架为图表布局，但是，相比绘图区子布局，它们的应用场景十分有限。然而，还有另外一种支架类型能提供更为丰富的设计选项，那就是环形支架。环形支架适用于设计饼图、甜甜圈图或雷达图等环形图。与水平线支架和垂直线支架不同的是，环形支架可以为用户提供全面的子布局选项。在本章，你会学习如何使用环形支架构造饼图和其他有趣的环形图，以及了解自定义曲线支架，其中包括用来生成螺旋和波浪样式图表的技巧。

值得一提的是，在可视化设计领域中存在一个共识——饼图等并非总是设计图表的最佳选择。主要原因是一旦数据类别过多，图表的可读性就会变差。不过，本书的重点在于让你掌握 Charticulator，在选择图表类型这个问题上相信用户会有自己的判断。另外，相比 Power BI 的原生饼图和甜甜圈图，使用 Charticulator 构建这类图表能让用户不再受到需要设置各类烦琐的数据标签和有限的格式选项的束缚，而是把更多的精力集中在设计吸引人的视觉效果上。

图 13-1 是使用环形支架和自定义曲线支架功能设计出的图表示例。

你一定在商业杂志或者调研报告中看到过这一类图表吧。本章会一一介绍如何使用 Charticulator 来设计这类图表效果。

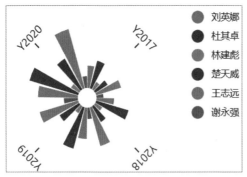

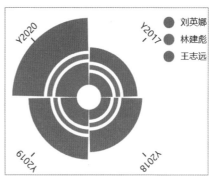

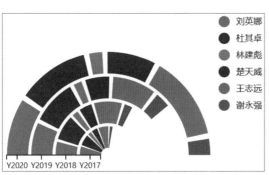

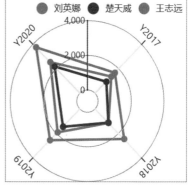

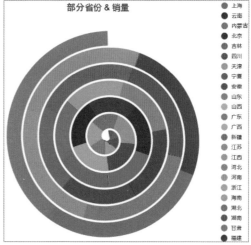

图 13-1　使用环形支架和自定义曲线支架功能设计出的图表

13.1 应用环形支架

下面创建如图 13-2 所示的初始图表。其中使用了两个分类字段"YearName"和
"SalesManager"，以及一个数值字段"数量"。然后在"Fields"（字段）窗格内绘制一
个矩形，将"SalesManager"字段绑定到矩形的"Fill"（填充）属性上。

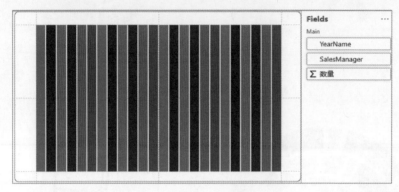

图 13-2　初始图表及使用到的字段

接着单击工具栏上的"Scaffolds"（支架）按钮，在弹出的下拉列表中选择"Polar"
（环形）选项并将其拖曳到绘图区中，如图 13-3 所示。

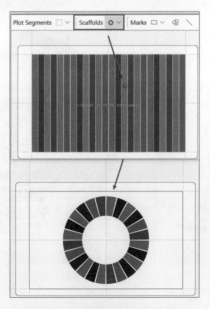

图 13-3　在图表上应用环形支架

从图 13-3 中可以看到图表由使用了 X 轴和 Y 轴的传统笛卡儿图变为了甜甜圈
图。6 位销售经理在 4 个年度的销量组成了具有 24 个（6×4）扇区的甜甜圈图。

提示： 对图 13-3 应用水平线支架就可以把图表恢复为传统的笛卡儿图表样式。

当前的图表与 Power BI 的原生甜甜圈图有很大的不同，其中的彩色扇区只能定
义一个类别（译者注：Power BI 的原生甜甜圈图可以定义多个分类并可以通过钻取查
看数据）。还要注意，应用了环形支架后会创建环形绘图区，"Layers"（图层）窗格中
的环形绘图区选项左侧带有极坐标 ⊕ 标记。

13.1.1 调整环形图

在应用环形支架后，在 Charticulator 中默认生成了甜甜圈图。向内拖曳环形的内
半径就能把甜甜圈改为饼图；向外拖曳环形的外半径就能增加其周长；还可以通过在
扇区之间拖曳鼠标来调整扇区的间距，如图 13-4 所示。除了能直接在图表上进行拖
曳操作，也能在环形绘图区的属性窗格对这些设置进行微调。

1. 向内拖曳环形的内半径

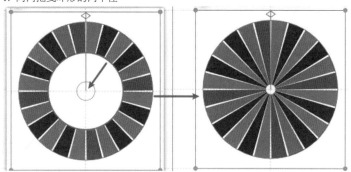

2. 向外拖曳环形的外半径

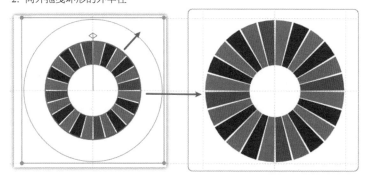

图 13-4 调整环形图

3. 在扇区之间拖曳鼠标以调整扇区的间距

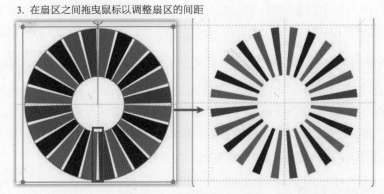

图 13-4　调整环形图（续）

沿圆形边框拖曳图表顶部的控制柄可以构建弧形图，如图 13-5 所示。

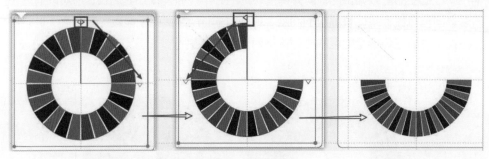

图 13-5　构建弧形图

想要调整弧形图的位置使其位于画布中央（译者注：移动到画布中的其他区域同样适用），则可以勾选绘图区中"Attributes"（属性）窗格的"Origin"（原点）选项的"Automatic Alignment"（自动对齐）属性，图 13-5 所示的弧形图就会被移动至图表的上方。然后向下拖曳画布顶端的引导线就能把弧形图移动到画布中央；或者直接将画布顶端的引导线拖曳到画布上方也能重新定位弧形图在画布中的位置。

13.1.2　创建饼图

饼图通常用来显示每个类别的数值占总体的百分比，并且当类别数量较少时其展现效果最好。图 13-6 所示的就是一张典型的饼图，它只包含了一个分类字段"SalesManager"。其中数值字段"数量"被绑定到矩形的"Width"（宽度）属性上，并且绘图区中"Attributes"（属性）窗格的"Radius"（半径）选项的"Inner"（内径）属性被设为一个较小的数值，这里设为 0.1。

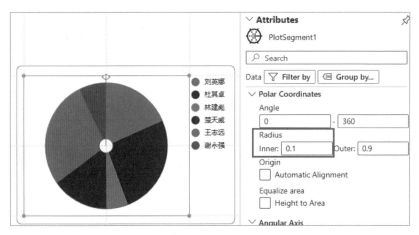

图 13-6　Charticulator 饼图

使用 Charticulator 构建的标准饼图并非完美无缺，它也有不足之处：其一，为图标添加引用自其他字段的数据标签会有问题。你可以试着在图 13-6 的基础上把"SalesManager"字段绑定到环形绘图区的"Angular Axis"（角度轴）属性上（在 13.2节中还会对角度轴等属性进行详细介绍）。此时，销售经理的数据标签被均匀地分布在图表中，然而扇区因为反映了被绑定到矩形的"Width"（宽度）属性上的"数量"字段的值的大小，故而大小不一，数据标签无法与图标在位置上对应，其效果还不如使用图例，如图 13-7 左侧图表所示。

其二，如果要使用被锚定到矩形图标上的文本标记作为标签，那么无论图标在图表中位于什么角度，所有文本标记都会保持完全一样的对齐方式，这就会导致某些文本标记的显示上下颠倒，如图 13-7 右侧图表所示。Power BI 的原生饼图的标签就不会有类似的显示问题。

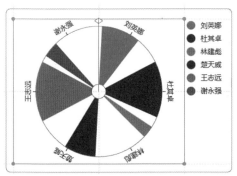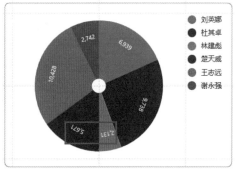

图 13-7　Charticulator 饼图的一些不足

不过，正所谓"知错能改，善莫大焉"，13.1.3 节会介绍如何使用环形引导线弥补上述缺陷。

13.1.3　使用环形引导线

使用环形引导线能将元素锚定到圆形图表中的特定位置。单击工具栏上的"Guides"（引导线）按钮并从弹出的下拉列表中选择"Guide polar"（环形引导线）选项。接着以画布的 4 个顶点作为锚点在画布上绘制引导线。然后添加文本标记，将其锚定到处于圆环中心的引导线锚点上，再拖曳文本标记到合适的位置，如图 13-8 所示。

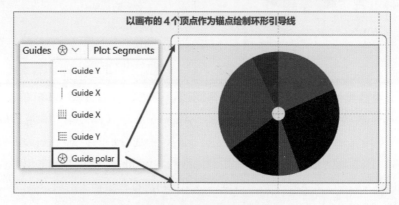

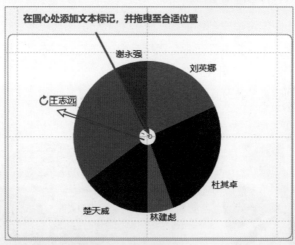

图 13-8　使用环形引导线将数据标签放置到图表外部

遗憾的是，按照上述方式创建的文本标记必须由用户在其中输入标签的具体类别或数据，并且也无法参与图表的动态交互，因此，其不如 Power BI 的原生饼图的标签功能简单实用，在设计图表时我们需要尽可能扬长避短。不过，这个瑕疵不妨碍我们通过 Charticulator 轻松地设计出在 Power BI 中难以实现的各种环形图样式的图表。接下来会介绍环形绘图区的属性，将字段绑定到这些属性上来改变图表的形态，以及如何使用环形绘图区的极轴（径向轴和角度轴）来更改图表的设计和布局。

13.2　绑定字段到极轴上

环形绘图区中有两个轴——"Radial Axis"（径向轴）和"Angular Axis"（角度轴）。我们可以直接拖曳字段到绘图区或者编辑绘图区的"Attributes"（属性）选项上将字段与角度轴或径向轴绑定。

本章的重点在于在角度轴和径向轴上使用分类数据，原因是把数值字段绑定到角度轴或径向轴上通常不会直接生成有意义的图表，数据轴（ 14.4 节会详细介绍）更适合用来将数值数据绘制到环形绘图区的轴上，这样就能够更好地控制数据的表达方式。只有一个例外——使用数值径向轴构造雷达图，在 13.5 节会详细探讨。

相比径向轴，使用环形绘图区中的角度轴更加直观，它也是 Power BI 的原生饼图与环形图中唯一用到的轴。在 Charticulator 图表中将字段绑定到角度轴上的作用与为 Power BI 原生饼图的图例添加字段是相同的。把分类字段绑定到角度轴会围绕圆心将图标分割成扇区，数据标签则位于图表外侧，如图 13-9 上半部分所示。

考虑到 Power BI 的原生饼图/环形图没有类似径向轴的概念，在初次使用径向轴时，你或许没有一见如故的感觉。在把一个分类字段绑定到径向轴上后，每个轴按该分类字段生成同心圆（译者注：在本例中为"YearName"字段），并相应地标记，如图 13-9 下半部分所示。

在绘制好所需的轴后就可以应用环形绘图区的"Sub-layout"（子布局）属性进一步调整环形绘图区的布局。13.3 节会逐一介绍这些子布局，帮助你设计出定制化的图表。

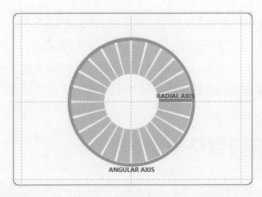

将"YearName"字段绑定至"Angular Axis"（角度轴）上

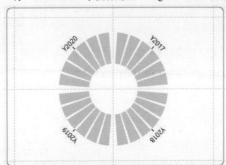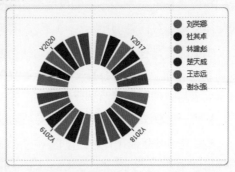

将"YearName"字段绑定至"Radial Axis"（径向轴）上

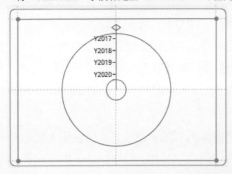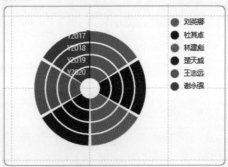

图 13-9　环形绘图区的角度轴和径向轴

13.3　使用环形绘图区的子布局

可以在绘图区的"Attributes"（属性）窗格的底部找到"Sub-layout"（子布局）选项，也可以在绘图区的工具栏的下拉列表中选择子布局样式，如图 13-10 所示。

图 13-10　环形绘图区的子布局

对于这 6 个子布局样式，会重点介绍"Stack Angular"（角度轴堆叠）和"Stack Radial"（径向轴堆叠）子布局，它们也是设计环形图表时最常用的子布局。在接下来介绍的环形绘图区的子布局示例图表中会使用如图 13-11 所示的 3 个字段。

图 13-11　用于环形绘图区的子布局示例图表的 3 个字段

如图 13-12 所示，这里共有 4 种轴和子布局的组合搭配，每一种都会生成不同的图表样式（其中"YearName"字段被绘制在轴上，"SalesManager"字段作为子类别被绑定到图标的填充色属性上）：

（1）角度轴和角度轴堆叠子布局的组合使用。

（2）角度轴和径向轴堆叠子布局的组合使用。

（3）径向轴和角度轴堆叠子布局的组合使用。

（4）径向轴和径向轴堆叠子布局的组合使用。

与笛卡儿图表一样，被绑定到轴上的字段优先决定图表的布局，子布局样式居其次。当"YearName"字段被绑定到角度轴上时年份在图表里以扇形（扇区）表示，而被绑定到径向轴上时则以同心圆表示；当子类别"SalesManager"对应的图标在应用角度轴堆叠子布局时绕圆周并列排放，在应用径向轴堆叠子布局时则按子类别形成同心圆依次包裹。

（1）角度轴和角度轴堆叠子布局的组合使用

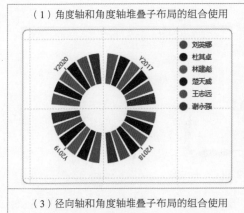

（2）角度轴和径向轴堆叠子布局的组合使用

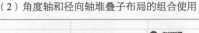
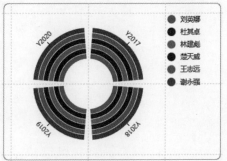

（3）径向轴和角度轴堆叠子布局的组合使用

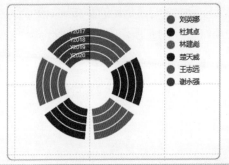

（4）径向轴和径向轴堆叠子布局的组合使用

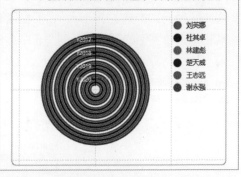

图 13-12　角度轴/径向轴和角度轴堆叠/径向轴堆叠子布局的组合使用

当你初次使用这些搭配组合构造图表时还做不到得心应手，所以下面详细介绍一下如何使用这 4 种搭配组合设计出不同类型的图表。接下来的内容会构造以下图表：

- 玫瑰图（角度轴和角度轴堆叠子布局的组合使用）。
- 孔雀图（角度轴和角度轴堆叠子布局的组合使用）。
- 南丁格尔图（角度轴和径向轴堆叠子布局的组合使用）。
- 径向图表之一（径向轴和角度轴堆叠子布局的组合使用）。
- 径向图表之二（径向轴和径向轴堆叠子布局的组合使用）。

掌握并理解构建这些图表的原理后，你便可以在进行数据可视化设计时熟练地使用它们并根据需求灵活搭配。

13.3.1　玫瑰图（角度轴和角度轴堆叠子布局的组合使用）

使用绘图区中默认的"Stack Angular"（角度轴堆叠）子布局并把"YearName"字段绑定到角度轴上，然后将"数量"字段绑定到矩形的"Height"（高度）属性上，就可以把默认的饼图转换为玫瑰图，如图 13-13 所示。

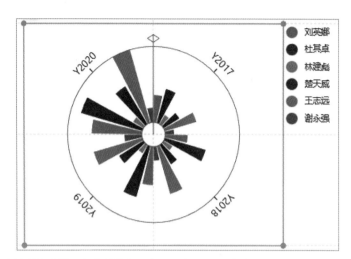

图 13-13　组合使用角度轴和角度轴堆叠子布局，将 "数量"字段绑定到矩形的 "Aeight"（高度）属性上

角度轴上的图标根据绑定到矩形的"Aeight"（高度）属性上的值围绕轴均匀排列，其原理与沿 Y 轴依次排列图标的 X 轴堆叠子布局类似。如果解除"数量"字段与矩形的"Height"（高度）属性的绑定，转而将它与矩形的"Width"（宽度）属性绑定，那么年份之间的销量差异会反映在图表扇区之间的大小上，如图 13-7 左侧图表所示。

13.3.2　孔雀图（角度轴和角度轴堆叠子布局的组合使用）

图 13-14 中罗列了制作孔雀图的步骤。首先拖曳绘图区顶部的控制柄创建半圆形，然后将数值字段"数量"绑定到矩形的"Height"（高度）属性上。接着把标记的形状更改为"Ellipse"（椭圆形）就生成了孔雀图。在图 13-14 示例中，数值字段"数量"被绑定到了矩形的"Fill"（填充）属性上并选择"Spectral"作为配色方案。

需要注意的是，孔雀图适用于展示较少的分类数据。在本示例中共有 6 位销售经理在 2017—2020 年 4 年的销量数据，如果减少一个年份，展示 3 年的销量数据，则图表效果更佳。

如 13.1.1 节最后介绍的那样，在绘图区中启用"Automatic Aignment"（自动对齐）属性可以将孔雀图移动至画布底部，然后调整绘图区底部的引导线可以将图表移动到画布中央或者其他合适的位置上。

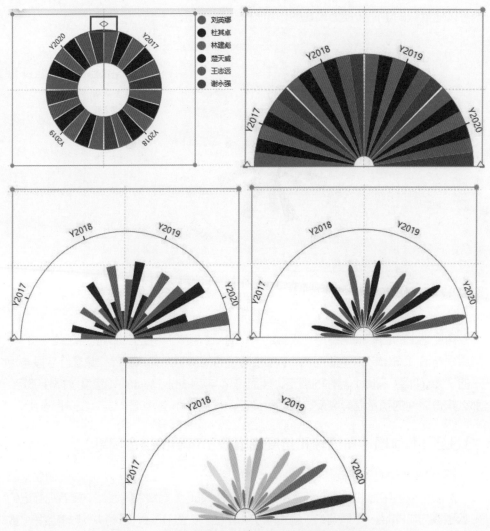

图 13-14   孔雀图使用了角度轴和角度轴堆叠子布局的组合

13.3.3   南丁格尔图（角度轴和径向轴堆叠子布局的组合使用）

将绘图区默认的"Stack Angular"（角度轴堆叠）子布局改为"Stack Radial"（径向轴堆叠）子布局，再把数值字段"数量"绑定到矩形的"Height"（高度）属性上就生成了南丁格尔图（译者注：南丁格尔图是弗罗伦斯·南丁格尔发明的，又名为极区图、南丁格尔玫瑰图，它是一种圆形的直方图），如图 13-15 所示。

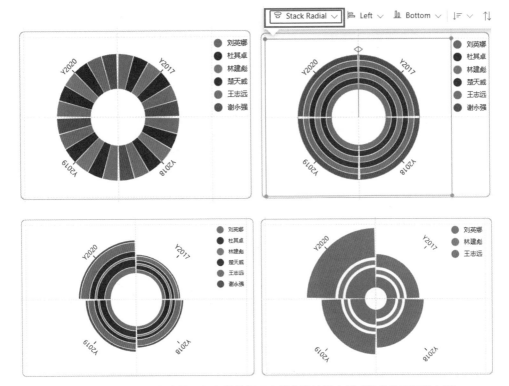

图 13-15　组合使用角度轴和径向轴堆叠子布局将默认图表样式转换为南丁格尔图

减少子类别数量并缩小角度轴上的间隙可以增强图表的可读性。

在应用径向轴堆叠子布局后，图标按年份分组并堆叠在同心圆中以显示各个销售经理的年度销量。这张南丁格尔图不仅能帮助我们对比分析各个销售经理的业绩（"王志远"的业绩最好），而且也能让我们很容易地看出 2019 年和 2020 年的销量更多。这样的可视化效果正是通过将"数量"字段绑定到矩形的"Height"（高度）属性上来实现的。

13.3.4　径向图表之一（径向轴和角度轴堆叠子布局的组合使用）

本节基于图 13-3 所示的应用环行支架的圆环图来介绍径向轴和角度轴堆叠子布局的组合使用。将"YearName"字段绑定到绘图区的"Radial Axis"（径向轴）上后，图标会相应地重排，其中同心圆代表年度销量，并且图标按销售经理分组。"SalesManager"字段被绑定到矩形的"Fill"（填充）属性上，再应用在 13.1.1 节介绍的技巧，就可以把图表重新设计为弧形放射状样式，如图 13-16 所示。

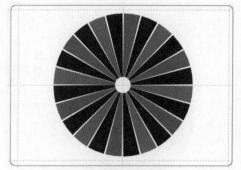
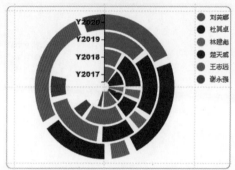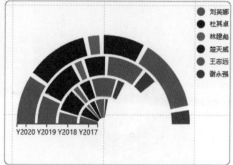

图 13-16　将分类字段 "YearName" 绑定到径向轴上并使角度轴堆叠子布局

在图 13-16 中，数值字段 "数量" 被绑定到矩形的 "Width"（宽度）属性上，在默认情况下，年份所在的径向轴垂直位于图表顶部。按照 13.1.1 节介绍的那样拖曳控制柄可以调整图形的位置。也可以通过设置绘图区的属性窗格中的 "Alignment"（对齐）属性调整图表的布局。

13.3.5　径向图表之二（径向轴和径向轴堆叠子布局的组合使用）

本节会介绍最后一种形式——径向轴和径向轴堆叠子布局的组合。首先将分类字段 "YearName" 绑定到绘图区的 "Radial Axis"（径向轴）上，将 "SalesManager" 字段绑定到矩形的 "Fill"（填充）属性上，然后应用 "Stack Radial"（径向轴堆叠）子布局。如图 13-17 所示，生成的径向图样式与 13.3.4 节不尽相同。代表每位销售经理的图标现在位于同心圆中，接着将 "数量" 字段绑定到矩形的 "Width"（宽度）属性上。与孔雀图一样，本例图表适用于分类数据不多的场景，下面再进行一些优化增强图表的可读性：保留 3 位销售经理的数据——刘英娜、楚天威和王志远。最后编辑绘图区的属性窗格的 "Radial Axis：Categorical"（径向轴：分类数据）选项下的 "Gap"

（间隔）值，增加径向轴上图标的间距，并将图标的形状更改为"Ellipse"（椭圆形）。

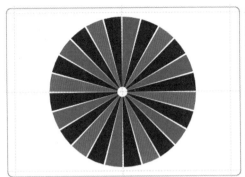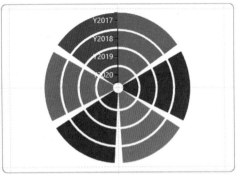
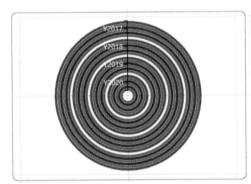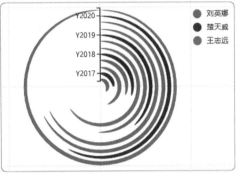

图 13-17　径向轴和径向轴堆叠子布局的组合使用

　　通过学习环形绘图区的轴和子布局的 4 种组合样式，我们了解到应用环行支架能够设计出有趣、富有创造力的图表。限于篇幅，本节介绍的几个案例也仅是冰山一角，希望以此抛砖引玉让你有所启发，在实际应用中大胆尝试。作为参考，表 13-1 中列出了部分属性介绍，你可以自由发挥，通过编辑这些属性，使用不同的组合进行可视化设计。

表 13-1　可编辑属性以生成有趣的环形图

编辑的属性	示　　例
Alignment（对齐）	本节示例使用了"Bottom"（底部对齐）和"Left"（左侧对齐），你可以尝试使用其他对齐方式，并观察图表布局将怎样变化

编辑属性	示　例
Shape（形状）	你可以尝试使用"Triangle"（三角形）或"Ellipse"（椭圆形），也可以挑战一下使用符号作为图标元素
Angle（角度）	如图 13-14 和图 13-16 所示，可以通过改变角度来创建弧形，生成各种样式的弧形图
Gridline（网格线）	显示径向轴或角度轴上的网格线
Binding data（绑定数据）	本节示例均把数值字段"数量"绑定到角度轴的高度属性或是径向轴的宽度属性上，你也可以尝试其他字段的绑定搭配

13.4　切换高度比至面积比

本节介绍环形绘图区的"Height to Area"（高度比至面积比）属性，该属性会影响数值数据在图表中的展现形式。

一旦将环形绘图区中的矩形图标的"Height"（高度）属性与数值字段绑定，则图标的高度就会与其绑定的数值成正比（比如图 13-13）。但由于环形图的结构特殊，每个图标的面积并非像高度那样按固定比例变化。为了使用户能够像浏览条形图/柱形图那样直观地理解环形图，在默认情况下，环形绘图区的"Height to Area"（高度比至面积比）属性处于非激活状态。

如果你想以图标的面积（代替默认的高度）来反映被绑定到"Height"（高度）属性上的数值，则可以勾选环形绘图区的"Attributes"（属性）窗格里的"Height to Area"（高度比至面积比）属性。如图 13-18 所示，粉色扇区的值为 3752，而紫色扇区的值为 717，在默认情况下两者高度比为 5.23（3752 / 717 ≈ 5.23）。勾选"Height to Area"（高度比至面积比）属性后，两者的面积比变为 5.23，此时两块扇区的高度比也相应地发生了变化。

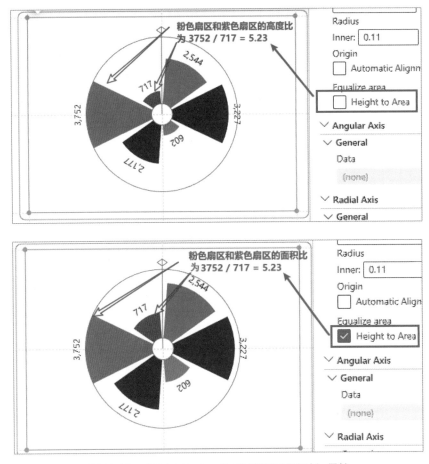

图 13-18 "Height to Area"（高度比至面积比）属性

13.5 数字径向轴——雷达图

考虑到大多数环形图都会使用分类轴，所以在先前的章节中，在环形绘图区的角度轴或径向轴上绑定的都是分类字段。而本节介绍的是在径向轴上绑定数值字段以构造雷达图，如图 13-19 所示。

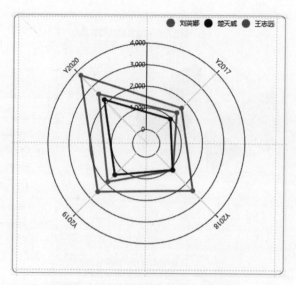

图 13-19　雷达图使用了数字径向轴

这张雷达图展示了 3 位销售经理在 4 个年度的销量数据，我们可以很容易地从图中看出王志远是总体销量最高的。图表中使用的数据如图 13-20 所示。

Fields

Main

12 rows, 3 columns

SalesManager	YearName	数量
刘英娜	Y2017	1355
刘英娜	Y2018	1133
刘英娜	Y2019	1907
刘英娜	Y2020	2544
楚天威	Y2017	937
楚天威	Y2018	1109
楚天威	Y2019	1448
楚天威	Y2020	2177
王志远	Y2017	1658
王志远	Y2018	2457
王志远	Y2019	2561
王志远	Y2020	3752

图 13-20　雷达图使用的数据

先新建一张图表，按 13.1 节介绍的内容在绘图区中应用环形支架。通过第 5 章我们了解到，在常规图表中使用数值轴时默认的子布局是重叠子布局，并且通常在"Glyph"（图标）窗格中添加"Symbol"（符号）作为图标。这同样适用于环形图。在"Glyph"（图标）窗格中添加一个圆形符号，将"SalesManager"字段绑定到符号的"Fill"（填充）属性上，将"YearName"字段绑定到绘图区的角度轴上，再将数值字段"数量"绑定到绘图区的径向轴上。此时会生成一个径向数值轴，其作用和第 7 章介绍的数值轴相同，只是在表现形式上有差异。最后把绘图区的"Attributes"（属性）窗格中的径向轴选项下的"Range"（范围）设置为 0～4000。

接着在径向轴的"Gridline"（网格线）属性中启用显示图表里的网格线选项。然后单击工具栏上的"Link"（连接）按钮，选择"SalesManager"字段并单击"Create Links"（创建连接）按钮以创建连接该字段的线条。最后勾选"Close Link"（闭合连接）属性并将线条类型设为"Solid"（实线），如图 13-21 所示。

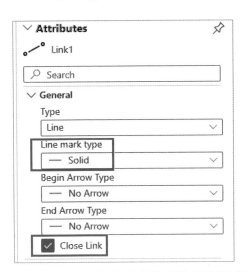

图 13-21　勾选"Close Link"（闭合连接）属性以创建完整的雷达图

13.6　自定义曲线支架

在 Charticulator 中，除水平线/垂直线支架和环行支架外，还有一种支架类型——Custom Curve（自定义曲线支架）。使用各类支架可以让我们在 Charticulator 的画布上按需绘制不同形状，如曲线、波浪、圆形或正方形等。图 13-22 所示的就是借助自定义曲线支架功能绘制的曲线图，本节会介绍具体的制作方法。尽管 Charticulator 中提供了丰富的功能和选项帮助我们进行图表可视化设计，但是我们还是要在实践中多思考自己精心设计的图表能否提供有价值的见解。可视化设计的初衷是让读者直观地理解数据，酷炫的效果终究是次要的。

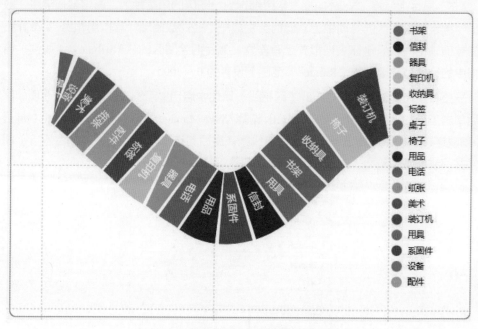

图 13-22　使用自定义曲线支架创建的图表

下面使用产品表中的"产品子类别"字段和订单表中的"数量"字段创建新的图表。在"Glyph"（图标）窗格中添加一个矩形，然后将"数量"字段绑定到矩形的"Width"（宽度）属性上，将"产品子类别"字段绑定到矩形的"Fill"（填充）属性上。在图 13-22 所示的图表中还对图标按数值升序排序，但这一步并不是必需的。

13.6.1　使用自定义曲线

准备工作完成后就可以应用自定义曲线支架了。单击工具栏上的"Scaffolds"（支架）按钮，在弹出的下拉列表中选择"Custom Curve"（自定义曲线支架）选项并将其拖曳至绘图区中，如图 13-23 所示。

此时创建了默认的波浪样式图表（波形图），可以单击绘图区右上角的铅笔 📝 按钮来绘制所需的形状样式，如图 13-24 所示。

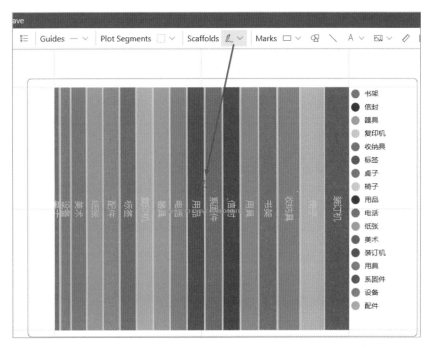

图 13-23 应用自定义曲线支架

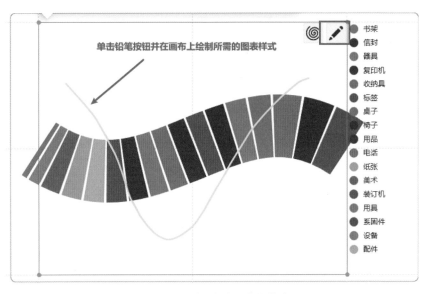

图 13-24 绘制自定义曲线样式

应用自定义曲线支架后就会在"Layers"（图层）窗格中创建自定义曲线绘图区，

可以在该绘图区的"Attributes"（属性）窗格中将字段绑定到"Tangent Axis"（切线轴）和"Normal Axis"（法线轴）上。

> **备注**：关于切线轴和法线轴的定义，可通过搜索引擎等检索关于"自然坐标"的相关知识。

13.6.2　创建螺旋图

使用自定义曲线支架还可以创建螺旋图。下面重新创建一张新的图表，在"Glyph"（图标）窗格中添加一个矩形，将数值字段"数量"（译者注：来源于订单表）绑定到矩形的"Width"（宽度）属性上，将分类字段"省份"（译者注：来源地理位置表，示例数据中包含部分省份的销量数据）绑定到矩形的"Fill"（填充）属性上。然后将绘图区的属性窗格中的"Sub-layout"（子布局）选项下的"Gap"（间距）设置为 0 以让图标紧密排列在一起。为优化图表显示效果，将矩形的"Height"（高度）设成常量（比如 30），也可以按需调整找到最合适的高度数值，如图 13-25 上半部分所示。

如同前面的案例对图表应用自定义曲线支架，在默认情况下会生成波形图。单击图表右上角的螺旋形◎按钮可以将图表样式改为螺旋图，如图 13-25 下半部分所示。

图 13-25　创建螺旋图

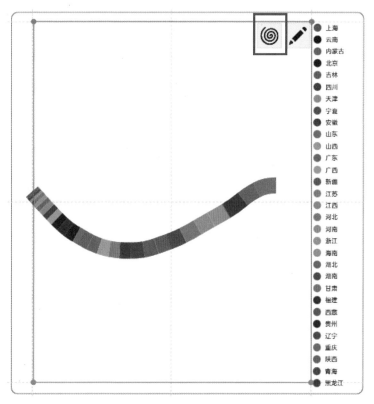

图 13-25　创建螺旋图（续）

在默认情况下，螺旋线在 180° 的位置（即图表底部）开始自下而上地绘制。也可以在"Start Angle"（开始角度）属性中修改绘制角度，例如从顶端的 360° 的位置开始自上而下地绘制，如图 13-26 所示。

还可以自定义螺旋图的圈数，"Windings"（线圈数）的值越大，圈数越多，如图 13-27 所示。

通过本章，我们学习了如何使用 Charticulator 的环形支架构建极坐标和自定义曲线支架设计环形图。通过角度轴和径向轴与子布局样式的各种组合，我们能够设计出生动、有趣和令人耳目一新的各种可视化效果。最后，我们还学习了如何设计雷达图和螺旋图。现在，我们的 Charticulator 武器库更加丰富了，在适当的时候我们可以充分使用本章的各种技巧进行可视化设计了。

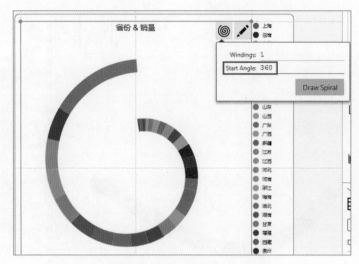

图 13-26　定义螺旋线的初始角度

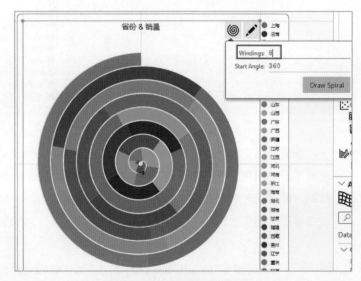

图 13-27　定义螺旋图绕圈数

　　在第 14 章我们不再关注支架，而是转向我们想要在图表中分析的数值数据。到目前为止，本书示例图表中使用的数值数据主要是代表销量的"数量"字段。然而，设计只有单个数值字段的 Charticulator 图表和设计同时具有多个数值字段的 Charticulator 图表的方法大相径庭。因此，让我们到第 14 章学习在 Charticulator 图表中对比多项数据指标的方法。

第 14 章

绘制多个度量

本章将介绍如何在 Charticulator 图表中绘制多项数据指标以便进行观测，例如，对比今年与去年的销量或对比目标值与实际值。Charticulator 中有 3 种展示多项数据指标度量的方式：

（1）将数据绑定到不同的属性上，从而为每个度量值创建单独的刻度/色阶。

（2）将每个度量值绑定到不同图表元素的相同属性上，创建单一刻度/色阶。采用此种方式需要用户设置 Charticulator 图表的自动缩放功能。

（3）使用数据轴。

下面会逐一介绍以上 3 种方式。

在 Power BI 中，当对比多项数据指标时，常会用到堆积/簇状条形图或同类图表进行展示，在这些图表中绘制一系列指标也很简单：只要把相关的数值字段或度量值加入图表的"Values"（数值）选项，大部分视觉对象就会自动处理并生成图例。而用 Charticulator 来绘制多个度量值就没那么简单了，主要有以下两个原因：

（1）如果图标包括多个矩形（或其他形状），那么 Charticulator 缩放图标的行为会导致显示问题，这在 9.1.3 节中有过简要介绍。

（2）用户无法在数值轴上准确地绘制出预期的图形（因为图标的中心点总会落到数值轴对应的数值上），不得不借助"Height"（高度）和"Width"（宽度）等属性在图表中绘制矩形（或其他形状），即便如此，最终的效果也不尽如人意（译者注：可参考图 4-5）。

在着手解决上述问题前，我们要先厘清仅包含单个度量值的数据可视化效果和同时拥有多个度量值的数据可视化效果在设计上的不同，也即两者在数据模式上的差异。

14.1 数据模式

当决定在图表中绘制形状来表示数据时，我们可以将数据模式分成两类——"**窄**"数据和"**宽**"数据。这两种数据模式最大的区别在于生成图例的方式（译者注：分别使用列名图例和列值图例），接下来介绍这两种数据模式及其对可视化设计产生的影响。

14.1.1 窄数据

到目前为止，本书的大部分案例都采用窄数据来绘制 Charticulator 图表。窄数据的特征是只含有一个数值字段（或者度量值）和一个或多个分类字段。如果图表使用的是窄数据，那么它的图标代表的是类别而非度量值。图 14-1 是窄数据的示例。

Main
24 rows, 3 columns

YearName	SalesManager	数量
Y2017	刘英娜	1355
Y2017	杜其卓	1744
Y2017	林建彪	523
Y2017	楚天威	937
Y2017	王志远	1658
Y2017	谢永强	447
Y2018	刘英娜	1133
Y2018	杜其卓	2147

图 14-1　窄数据

为了在 Charticulator 图表中能正确表示窄数据，数值字段需要被绑定到矩形标记的"Height"（高度）属性上并在图表中以矩形的高度反映其大小，如图 14-2 所示。

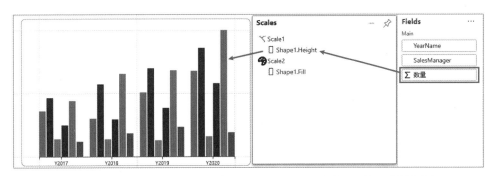

图 14-2　使用可以创建刻刻度/色阶选项的"Height"（高度）属性来绘制窄数据

窄数据中唯一的数值字段（或度量值）还可以被绑定到形状或符号的其他各项属性（如填充、宽度或大小）。当数值字段被绑定到同一形状的不同属性上时，就会在"Scale"（刻度/色阶）窗格中生成对应这个属性的刻度/色阶选项。在前面的章节中（译者注：可以复习 9.1.1 节中关于刻度/色阶的知识及第 9 章的内容）就介绍了使用多个刻度/色阶选项来创建图表的用法。

在使用窄数据进行可视化设计时，通常都需要添加一个分类图例（也被称为列值图例）来将不同的颜色映射到不同的类别。

14.1.2　宽数据

现在来看一看"宽"数据，即包含多个数值字段（或度量值）和一个或多个分类字段的数据集。在接下来的示例中会用到如图 14-3 所示的宽数据进行可视化设计，其中包含了一个分类字段"SalesManager"，以及 3 个度量值"SalesQty.2019""SalesQty.2020"和"SalesQty.Target"。如果图表使用的是窄数据，那么它的图标就代表度量值而非类别。

如果不同的度量值之间公用相同的数据单位并适用相近的值域范围，那么可以在同一个数值轴上绘制这些数据。但是，考虑到宽数据会包含多种数值字段（或者度量值），要求所有度量值都满足这样的条件就很苛刻了。9.1.4 节介绍了使用 Shift 键生成新的刻度/色阶选项适配不同度量值的方法，之后的第 16 章会介绍使用第二个线条绘图区的技巧解决类似的问题。出于教学目的，本章采用具有相同数据单位的数据，即代表销售经理年度销量值和销售指标的"SalesQty.2019""SalesQty.2020"和"SalesQty.Target"度量值。

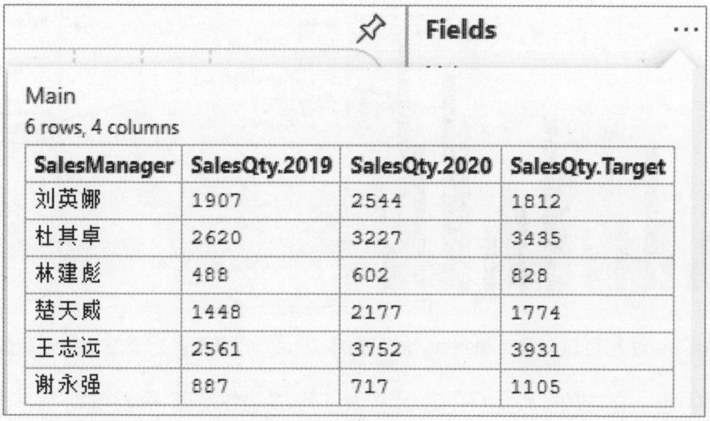

SalesManager	SalesQty.2019	SalesQty.2020	SalesQty.Target
刘英娜	1907	2544	1812
杜其卓	2620	3227	3435
林建彪	488	602	828
楚天威	1448	2177	1774
王志远	2561	3752	3931
谢永强	887	717	1105

图 14-3　宽数据

在进行包含宽数据的数据可视化时，需要使用列名图例（有别于列值图例）将颜色映射到代表每个度量值的矩形或符号上。

现在你了解了绘制窄数据和宽数据之间的主要区别，接下来会探索本章开篇提到的 3 种展示多项度量值（宽数据）的方法。

14.2　使用独立的刻度/色阶项

使用示例数据，按以下方法将度量值绑定矩形标记或圆形符号的不同属性以生成 3 个独立的"刻度/色阶选项，如图 14-4 所示。

- 将"SalesQty.2020"绑定矩形标记的"Height"（高度）属性。
- 将"SalesQty.2019"绑定矩形标记的"Fill"（填充）属性。
- 将"SalesQty.Target"绑定圆形符号的"Size"（大小）属性。

不过这种方法存在两个问题：首先，由于每次绑定操作都用到元素不同的属性（译者注：本例使用了高度、填充和大小 3 种属性），但是属性的种类有限，一旦每种属性都被绑定了，那么接下来在处理刻度/色阶选项时很有可能出现问题。其次，图表的可读性并不友好，用户难以对主要指标一目了然。接下来会尝试用另一种方法来更好地表现数据。

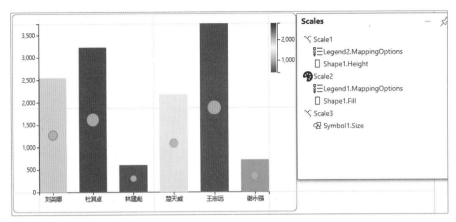

图 14-4　将度量值与矩形和符号的不同属性绑定生成 3 个独立的刻度/色阶选项

14.3　使用相同的刻度/色阶选项

相比 14.2 节使用多个独立刻度/色阶选项分别展示不同的数据度量值，更传统的做法是采用簇状/堆积柱形图或条形图，或者类似的图表样式。这种图表需要包含不同的矩形来表示各个度量值，每个值被依次绑定到矩形的"Height"（高度）或"Width"（宽度）属性上，从而生成被多个度量值所公用的刻度/色阶选项。

在 9.1.4 节介绍了在把不同的数值字段/度量值绑定到不同矩形的同一个属性上时，Charticulator 会以第一个被绑定的数值生成刻度/色阶选项，然后将其应用于其他矩形的相同属性上，这意味着所有矩形的这种属性会使用相同的刻度/色阶。基于该特性，我们可以在 Charticulator 中创建簇状/堆积柱形图或条形图来呈现多项数据指标。

14.3.1　创建簇状柱形图

首先构建如图 14-5 所示的簇状柱形图。每个度量值都被映射到不同颜色的矩形上，还需要添加两个图例：左侧的数值图例显示销量，顶部的图例将颜色映射到表示度量值的矩形上。

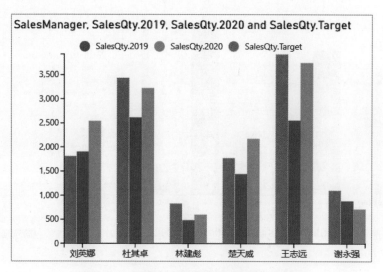

图 14-5　创建绘制 3 个度量值的簇状柱形图

正如 9.1.4 节介绍的那样，构建此类图表的第一步是确定适用于所有与矩形绑定字段或度量值的刻度。在本例中意味着找到最大的度量值，并将其绑定矩形的"Height"（高度）属性。如图 14-6 所示，销售经理"王志远"的"SalesQty.Target"数值最大，因此，需要在绑定其他度量值和属性前先将度量值"SalesQty.Target"绑定矩形的"Height"（高度）属性。

Main
6 rows, 4 columns

SalesManager	SalesQty.2019	SalesQty.2020	SalesQty.Target
刘英娜	1907	2544	1812
杜其卓	2620	3227	3435
林建彪	488	602	828
楚天威	1448	2177	1774
王志远	2561	3752	3931
谢永强	887	717	1105

图 14-6　确定要优先绑定到矩形的"Height"（高度）属性上的度量值

现在开始构建图表。基于图 14-6 中的数据，首先将"SalesManager"字段绑定绘图区的 X 轴。然后创建由 3 个矩形组成的图标，每个矩形对应一个度量值，这些矩形必须被锚定到"Glyph"（图标）窗格中的引导线上。此处需要先用 X 轴坐标引导线把"Glyph"（图标）窗格中的绘图区域在垂直方向上等分成 3 块区域（译者注：具体步骤可复习 10.3 节内容）。接着添加一个矩形来表示有最大值的度量值，即本例中的"SalesQty.Target"度量值。将其锚点锚定在经 X 轴坐标引导线划分后的最左侧区域四周的顶点上，根据需要更改"Fill"（填充）属性，再把度量值"SalesQty.Target"绑定"Height"（高度）属性。

接下来在中央区域添加第二个矩形，务必确保该矩形的顶点保持在顶端引导线上方，将第二个度量值绑定该矩形的"Height"（高度）属性并更改填充色。最后如法炮制，在右侧完成第三个矩形，如图 14-7 所示。

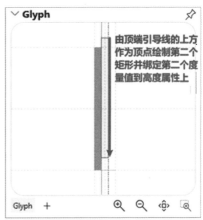

图 14-7　绘制构成图标的矩形并绑定数据

至此，图表左侧还缺少数值图例。单击工具栏上的"Legend"（图例）按钮，在弹出的下拉列表中选择决定刻度数据的度量值，即本例中的"SalesQty.Target"，即可添加被模拟成数值轴样式的图例。由于图例是刻度/色阶选项的附带元素，因此，可以在刻度/色阶选项下的"Domain"（值域）属性中更改图例的起始值，但是在此处更改终止值不会对图表产生影响。

14.5 节会详细介绍如何添加类似图 14-5 中的表示填充色与度量值映射关系的图例。

14.3.2　创建堆积柱形图

本节使用与 14.3.1 节相同的字段创建如图 14-8 所示的堆积柱形图。先将"SalesManager"字段绑定绘图区的 X 轴，接着在"Glyph"（图标）窗格中绘制依次堆叠的 3 个矩形。矩形的大小任意，但要将其保持在"Glyph"（图标）窗格的引导线

以内，同时确保顶部和底部的矩形分别被锚定在"Glyph"（图标）窗格的顶端引导线
和底部引导线上，并且不要把中间的矩形锚定在中央区域的水平引导线上，如图 14-9
所示。

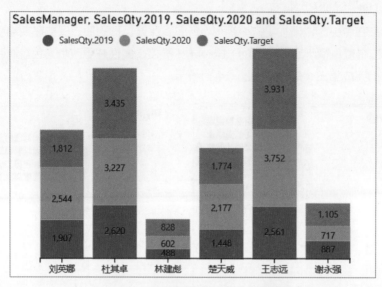

图 14-8　使用堆积柱形图绘制多个度量值

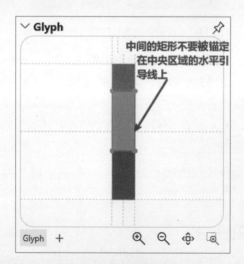

图 14-9　在"Glyph"（图标）窗格的引导线内绘制任意大小的 3 个矩形

　　随后更改填充色以区分图标中对应各个度量值的区域，将分组数据中具有最大值
的度量值（本例中为"SalesQty.Target"度量值）绑定对应矩形的"Height"（高度）

属性。请记住，这一步要确定与另外两个矩形公用的刻度/色阶选项，紧接着把度量值"SalesQty.2019"和"SalesQty.2020"也绑定各自对应的矩形的高度属性。

还要为图表添加细节：加入文本标记显示数值，在顶部添加表示填充色与度量值映射关系的图例（14.5 节会详细介绍方法）。

你可能会觉得直接使用 Power BI 的原生视觉对象来创建这些图表更加方便，但是使用 Charticulator 能够让图表的形式更加丰富，如图 14-10 所示。本质上这些图表仍旧是柱形图，是结合一些简单的技巧后实现的效果（条形图的变化亦是如此）。

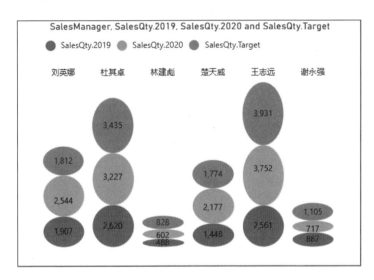

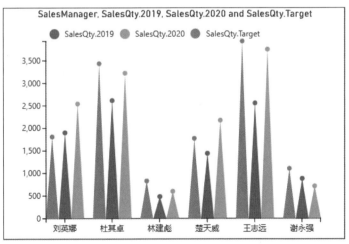

图 14-10　在 Charticulator 中对堆积柱形图和簇状柱形图做"改造"

尽管可以灵活地进行设计搭配，但有一个问题始终会困扰着我们——为了在图表中创建普适的刻度/色阶选项，我们必须在 Charticulator 使用的数据集中找到分组数据的最大值（译者注：即在本节示例数据中像图 14-6 所示的那样定位度量值"SalesQty.Target"）。在每次进行可视化设计时都要加上这一步会显得很烦琐，如果 Charticulator 能够自动识别岂不更好？14.4 节将介绍可以实现这一功能的数据轴，它不仅可以更方便地实现我们所需的可视化效果，而且在设计上也愈加灵活。

14.4　使用数据轴

你能分辨图 14-11 所示的使用数据轴构建的簇状柱形图和图 14-5 所示的簇状柱形图之间的区别吗？答案是，它们在样式上没有区别，然而在构建方式上截然不同。

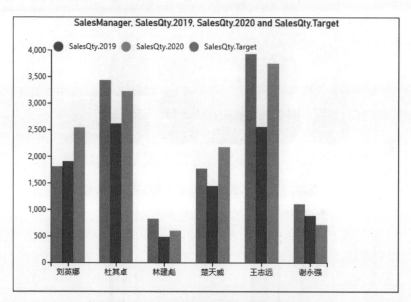

图 14-11　使用数据轴构建的簇状柱形图

数据轴反映的是"Glyph"（图标）窗格中的数值刻度，可以通过在轴上绘制度量值的样本生成数据点，然后将构成图标的标记与这些数据点对齐。

使用数据轴除可以构造簇状柱形图外，还能够设计出更富有洞察力的可视化效果，以及将其组合创建复合图表。千里之行，始于足下，现在，让我们先来学习如何使用数据轴构建如图 14-11 所示的图表。

创建一张新的 Charticulator 图表，单击工具栏上的"Data Axis"（数据轴）按钮并将其拖曳到"Glyph"（图标）窗格中以添加数据轴，如图 14-12 所示。

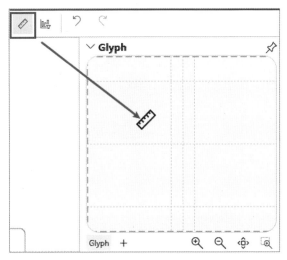

图 14-12　添加数据轴到"Glyph"（图标）窗格中

将数据集中的 3 个度量值都拖曳到数据轴上，Charticulator 会用数据集中的第一行数据在轴上进行绘制，即本例数据集中销售经理"刘英娜"的数据。

> **提示：**如果数据集中的第一行数据的值相比其他数据小很多，则很难直接看到这些数据在数据轴上的位置。可以借助"Glyph"（图标）窗格右下角的缩放按钮进行缩放来定位。

接下来在"Glyph"（图标）窗格中添加"Guide X"（X轴坐标引导线）并锚定在窗格底部的引导线上。接着绘制 3 个矩形分别对应示例数据中的 3 个度量值，将这 3 个矩形锚定到数据轴的数据点和引导线上，如图 14-13 所示。

在数据轴上绘制矩形后，在绘图区中，图表中矩形的高度因数值的大小而异，图表左侧自动生成了数值 Y 轴，不用像图 14-5 那样还需要用户添加数值图例。

数据轴与数值 X 轴/数值 Y 轴共享许多相同的属性（关于数值轴属性的内容请复习第 7 章），比如通过编辑"from"（起始）值和"to"（终止）值可以改变数据轴的"Range"（范围）属性，以及用来设置刻度标签格式的"Tick Format"（记号格式）属性等。这些属性都在数据轴的"Attributes"（属性）窗格内。还可以使用数据轴的"Attributes"（属性）窗格底部的"Data Expressions"（数据表达式）属性编辑或删除数据轴使用的度量值。

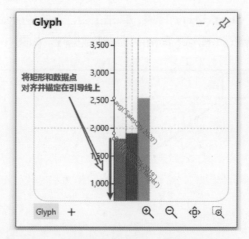

图 14-13　确保矩形与数据轴上的数据点对齐

备注：如果编辑了数据轴的"Range"（范围）属性的"from"（起始）值和"to"（终止）值，请记得在数据轴的"Attributes"（属性）窗格中取消勾选"Data Axis export properties"（数据轴属性导出）选项下的所有选项，以确保在保存 Charticulator 图表时重新定义的数值范围可以生效。

数值轴和数据轴虽仅一字之差，但数据轴是与图标相关联的，而数值轴则是与绘图区相关联的。如果将数据轴的"Visible On"（可见性）属性设为"All"（全部显示），那么数据轴在每组图标中的实例都会在图表中显示，如图 14-14 所示。

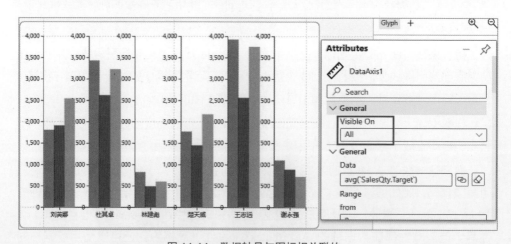

图 14-14　数据轴是与图标相关联的

因为我们通常会把"Visible On"（可见性）属性设为"first"（首项）或"last"（末项），即只显示表示数据的第一行或最后一行的数据轴，所以我们很自然地可以把数据轴当作坐标轴来使用了。

请注意，在使用数据轴时，在"Scales"（刻度/色阶）窗格中不会显示矩形高度的刻度/色阶选项，原因是此时矩形的高度是由数据轴直接决定的，而不是通过把数值字段或者度量值绑定矩形的"Height"（高度）属性来决定的。

本节介绍了用数据轴以更加简便的方式在图表中绘制多个度量值。本章接下来的内容将介绍借助数据轴设计以下这些图表样式。你一定会对此感到兴奋吧！

- 笛卡儿坐标子弹图（Cartesian bullet chart）
- 极坐标子弹图（Polar bullet chart）
- 哑铃图（Dumbbell）
- 箱线图（Box and whisker）
- 龙卷风图（Tornado）

14.4.1　笛卡儿坐标子弹图

图 14-15 所示的笛卡儿坐标子弹图使用了一个与"SalesManager"字段绑定的分类 *Y* 轴及一个水平方向的数据轴。

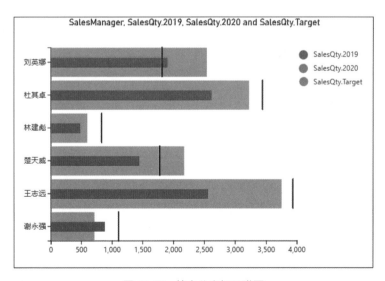

图 14-15　笛卡儿坐标子弹图

　　下面使用示例数据创建一张新的 Charticulator 图表，其中将"SalesManager"字段绑定绘图区的 *Y* 轴，在"Glyph"（图标）窗格中沿底部的引导线绘制水平方向的数据轴，然后在数据轴的"Attributes"（属性）窗格中将"Visible On"（可见性）属性设为"Last"（末项），如 14.3 节那样将数据集中的 3 个度量值都拖曳到数据轴上，再把数据轴的"Visibility & Position"（可见性和位置）属性的"Position"（位置）设定为"Opposite"（相反）。

　　接着沿图标左侧的引导线绘制"Guide Y"（*Y* 轴坐标引导线）并将度量值"SalesQty.2019"和"SalesQty.2020"对应的矩形相应地绘制在引导线内。最后加入线条来表示度量值"SalesQty.Target"，并将其"Stroke"（笔画）设置为黑色，将"Line Width"（线宽）设置为 2，如图 14-16 所示。

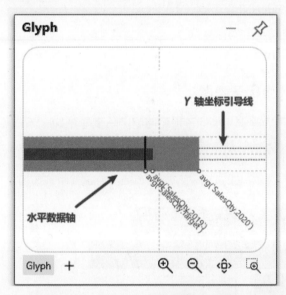

图 14-16　笛卡儿坐标子弹图使用的图标

14.4.2　极坐标子弹图

　　可以搭配使用数据轴与环形支架来为环形绘图区生成数值轴。因为要用到矩形（椭圆形等形状亦然）标记，所以切记不要在图表的绘图区中使用数值径向轴。使用环形支架可以设计出极坐标子弹图，如图 14-17 和图 14-18 所示。

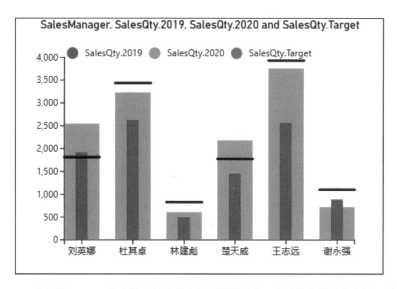

图 14-17　从类似 14.4.1 节介绍的笛卡儿坐标子弹图开始，之后将在图表中应用环形支架

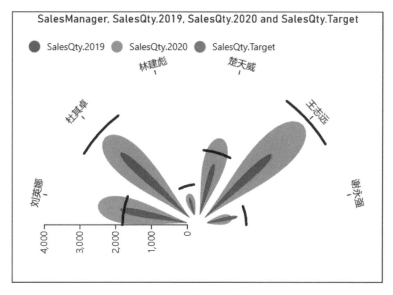

图 14-18　极坐标子弹图

对于图 14-17 所示的基于垂直样式的笛卡儿坐标子弹图,在图表的绘图区应用环行支架，并将该绘图区的"Polar Coordinator"（极坐标）属性的角度设置为由 270° 至 450°，再把图标的形状更改为"Ellipse"（椭圆形），最终生成如图 14-18 所示的极坐标子弹图。

14.4.3　哑铃图

哑铃图是很适合用来比较指标的图表——在本例中就是比较度量值"SalesQty.2019"和"SalesQty.2020"。从图 14-19 中可以对比各销售经理在 2019 年和 2020 年的销量，除"谢永强"外，其余的销售经理在 2020 年的销量均有提升。

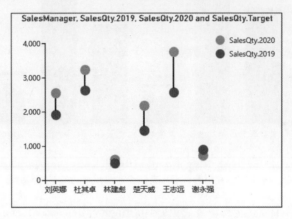

图 14-19　哑铃图

使用 Charticulator 能够很容易地创建这张图表。通过图 14-20，我们可以了解图标的设计和构成——它包括分别与数据轴上两个度量值对齐的圆形符号，以及将两个符号连接起来的一根线条。线条的两端被锚定在圆形符号的圆心上。最后，可以在"Layer"（图层）窗格中通过更改图表元素的先后顺序将圆形符号的显示顺序置于线条之上[译者注：在"Layer"（图层）窗格中，元素的顺序越往下，则显示的优先级越高]。

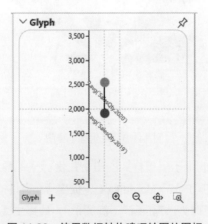

图 14-20　使用数据轴构建哑铃图的图标

14.4.4　箱线图

基于图 14-21 所示的宽数据，我们使用数据轴可以很容易地绘制出箱线图。图 14-22 所示的是在示例数据集基础上构建的箱线图。

Main
6 rows, 7 columns

SalesManager	SalesQty.Max	SalesQty.Quartile3	SalesQty.Median	SalesQty.Average	SalesQty.Quartile1	数量
刘英娜	2544	2384.75	1631	1734.75	1188.5	1133
杜其卓	3227	3075.25	2383.5	2434.5	1844.75	1744
林建彪	602	582.25	520.5	532.75	495.5	488
楚天威	2177	1994.75	1278.5	1417.75	980	937
王志远	3752	3454.25	2509	2607	1857.75	1658
谢永强	887	844.5	704	685.5	508	447

图 14-21　箱线图使用的宽数据

在图 14-22 中，通过展示销售经理的销量分布来展示他们在过去 5 年中的表现，可以看到"杜其卓"和"谢永强"的销量分布较为均匀。图 14-23 所示的是为箱线图设计的图标：在将度量值添加到数据轴上后，通过绘制标记来构建图标——代表度量值"SalesQty.Max"、"SalesQty.Min"和"SalesQty.Median"的水平线条和连接"SalesQty.Max"与"SalesQty.Min"的垂直线条，代表度量值"SalesQty.Average"的圆形符号和中间的矩形箱体。

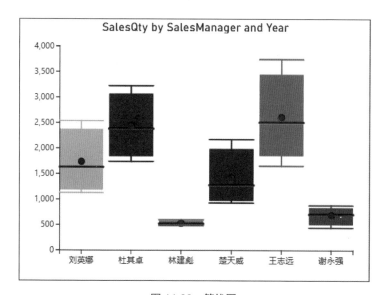

图 14-22　箱线图

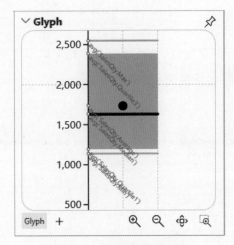

图 14-23　箱线图使用的图标

14.4.5　龙卷风图

　　下面介绍最后一个数据轴应用示例——龙卷风图。因为先前示例中的销售数据不适合绘制龙卷风图，所以这里通过一组比赛数据来比较不同年龄组中男女选手的得分情况，如图 14-24 所示。

Main
7 rows, 3 columns

Age	Female	Male
20 and less	31	29
20 to 30	33	32
30 to 40	31	29
40 to 50	28	26
50 to 60	24	24
60 to 70	23	20
70 and over	22	18

图 14-24　龙卷风图使用的数据集

　　如图 14-25 所示，此龙卷风图使用了两个水平数据轴。这两个水平数据轴从图标中间的零点位置开始往两个相反的方向偏离，借此我们可以绘制图表并比较每个年龄组中男女选手的得分。

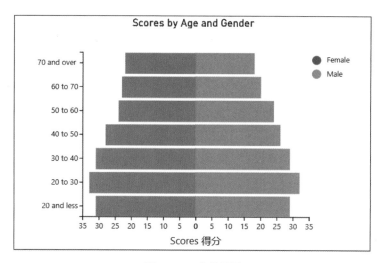

图 14-25　龙卷风图

　　使用数据轴构建这个图表也相当方便：将"Age"（年龄）字段绑定绘图区的 *Y*
轴；以底部中点作为零点，添加两个数据轴分别锚定在"Glyph"（图标）窗格底部左、
右两个部分的水平引导线上，如图 14-26 所示。将数据轴的"Visible On"（可见性）
属性设为"First"（首项）以确保数据轴只显示首行数据的实例（译者注：设定不同可
见性属性的差别可参考图 14-14），再把右侧数据轴的"Visibility & Position"（可见性
和位置）属性的"Position"（位置）设定为"Opposite"（相反）；接着在数据轴上绘
制数值字段"Female"和"Male"，并相应地绘制矩形。

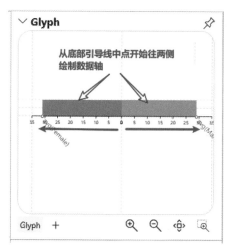

图 14-26　龙卷风图中的图标使用两个不同的数据轴

14.5　为多个数据度量创建图例

本章的大部分示例图表中都包含了用于表示（映射）图表中每个数值字段/度量值的颜色的图例。Charticulator 为宽数据和窄数据生成图例的方法是不同的，其根据数据集的类型使用两种不同的图例："Column values"（列值）图例适用于窄数据，"Column names"（列名）图例适用于宽数据。在 9.2.2 节和 9.2.3 节曾简单介绍过如何创建图例，创建列值图例的方法想必你已经熟练掌握了。创建列名图例的方法也不难：单击工具栏上的 "Legend"（图例）按钮，在弹出的下拉列表中选择 "Column names"（列名）作为图例类型，按住 Ctrl 键并选中你想要添加的图例选项。在添加图例后，在 "Scales"（刻度/色阶）窗格中会新增一个色阶选项将颜色映射到数值字段/度量值上，单击 "Layer"（图层）窗格的图例选项或者 "Scales"（刻度/色阶）窗格中的色阶选项后，就可以在对应的 "Attributes"（属性）窗格最下方的 "Color"（颜色）属性中编辑图例的颜色，如图 14-27 所示。

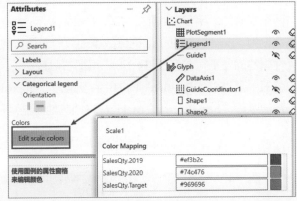

图 14-27　生成和编辑宽数据的图例

至此，本章的学习之旅也就告一段落了。现在，你已经了解到可以与数值字段/度量值进行绑定的属性是有限的。如果要把数值字段/度量值绑定到多个标记（或符号等元素）的同一个属性上，就要对数据集进行审视，把控绑定的顺序以控制图标在图表中能够正确地缩放显示。相比之下，Charticulator 中的数据轴提供了更为行之有效的办法，数据轴不仅帮助你以更简便和更精准的方式绘制数值字段/度量值，还能为你在 "Glyph"（图标）窗格中设计矩形（或其他形状）标记或线条时提供适配的数值轴。除此之外，你还可以借助数据轴构建诸如子弹图、龙卷风图或箱线图等更为复杂的可视化效果。熟练运用数据轴绝对是你精通 Charticulator 之路上的又一个里程碑。

Charticulator 工具栏中包含多种选项，这为用户的可视化设计提供了帮助，并且提升了用户对图表数据的洞察力。第 14 章会介绍一项低调且毫不起眼的功能——Link（连接）。在 4.3 节和 13.5 节曾使用过连接，在第 15 章中会详细介绍，让你了解连接的作用可不仅仅是生成折线图那么简单。

第 15 章

连接图表和数据

本章会介绍 Charticulator 中的"Link"（连接）功能。你可以在图表中连接图标以显示它们之间的关联情况。在我们熟知的折线图中，数据点会被连接起来以显示变化趋势。在 4.3 节中就使用了线条连接构建折线图。不过 Charticulator 中的连接还包含许多更为复杂的概念。Charticulator 有以下 3 种图标连接的类型。

（1）用线条或条带连接特定字段中**相同**的项，通常用于显示指标随时间变化的趋势，如折线图及其变体（如丝带图或斜率图）。

（2）连接同一字段中**不同**的项以显示它们之间的某种关联，典型的图表是共现图及和弦图。

（3）连接同一字段中**不同**的项，与上一种不同的是，该用法对数据项进行了隐含的分组，通常用于在图表中显示数据的流向，如桑基图和组织结构图等。

图 15-1 中分别展示了使用以上 3 种图标的连接类型的示例图表。

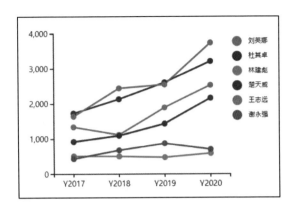

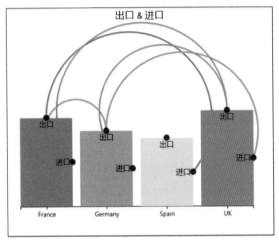

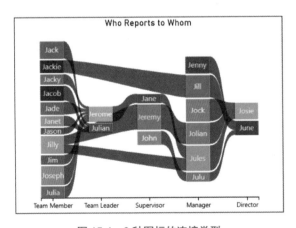

图 15-1　3 种图标的连接类型

下面将深入介绍这 3 种连接类型。不过， Charticulator 并没有直接提供以上 3

种连接类型的选项，而是根据图表的组成为用户提供 4 种不同的图标连接方式：

- 连接类别
- 连接绘图区
- 连接绘图区内的类别
- 连接数据

可以通过 Charticulator 工具栏上的"Link"（连接）按钮进行设置。图 15-2 中罗列了 4 种不同的图标连接方式，这 4 种方式还允许用户决定是用"Line"（线条）还是用"Band"（条带）作为连接样式。

图 15-2　4 种图标连接方式

在正式开始介绍连接之前，15.1 节会先介绍连接是如何被锚定到图标上的，以及更改锚点的方法。

15.1　锚定连接

使用示例数据集创建如图 15-3 所示的图表，该图表具有分类 X 轴和分类 Y 轴。单击工具栏上的"Link"（连接）按钮，再选择"YearName"字段，先添加"Line"（线条）再添加"Band"（条带）连接。

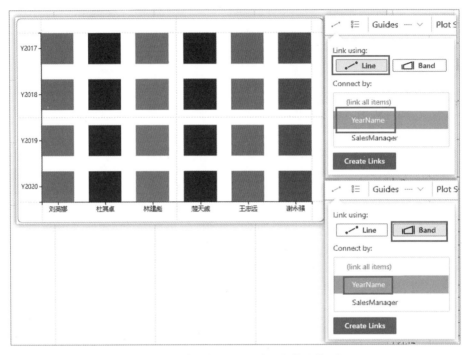

图 15-3　创建图表并添加线条和条带连接图标

在连接包含矩形的图标时，如果使用的是线条，那么锚点在图标两侧边的中点上；如果使用的是条带，那么锚点则在图标的两个边上。可以选中"Layer"（图层）窗格中的"Link"（连接）选项更改锚点。选中后锚点在图表中的矩形上显示为绿色的圆点（线条连接）或绿色的边（条带连接）。对于线条连接，单击锚点并将其移动至所需位置进行调整；对于条带连接，则直接单击图标的其他边完成锚点位置的调整，如图 15-4 所示。

现在你已经掌握了如何调整锚点。接下来介绍如何连接图表中的形状和符号。下面从第一种连接方式开始介绍，即连接图表中表示各个类别的图标。

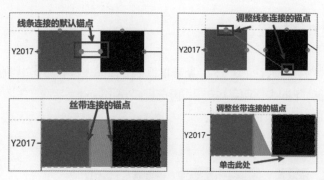

图 15-4　调整线条连接和条带连接的锚点

15.2　连接类别

在 4.2 节和 4.3 节中曾构建了数值 Y 轴，使用符号作为图标，使用连接功能为子类别添加线条连接生成折线图。可以修改符号的"Size"（大小）属性为 0 以隐藏符号，这样图表就只显示连接线，如图 15-5 下半部分所示。

可以在连接的"Attributes"（属性）窗格中将"Type"（线型）更改为"Bezier"（曲线）以实现平滑效果。第 19 章中将会介绍如何在折线图中添加动态数据标签并突出显示特定的类别。

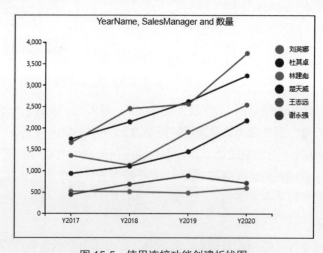

图 15-5　使用连接功能创建折线图

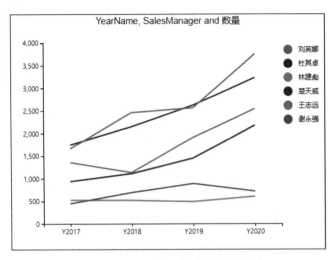

图 15-5　使用连接功能创建折线图（续）

15.2.1　丝带图

下面来试一试第 4 章中未曾用过的"Band"（条带）来连接类别。用条带进行连接时需要图标有竖直的边框，所以用矩形标记作为图标最合适。你可以在图 15-6 中看到使用条带连接构建的丝带图，其中连接的"Type"（类型）属性被设为"Bezier"（曲线）。此丝带图使用了"Stack Y"（Y 轴堆叠）子布局，你可以调整连接的"Opacity"（透明度）和"Curveness"（曲度）属性对图表进行美化。

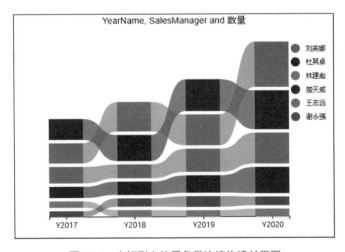

图 15-6　在矩形上使用条带连接构建丝带图

15.2.2　面积图

在 Charticulator 中也能够创建面积图，其中面积区域的填充效果是用条带连接生成的，如图 15-7 所示。在本例中用图 15-7 右侧中罗列的字段创建一张全新的图表。

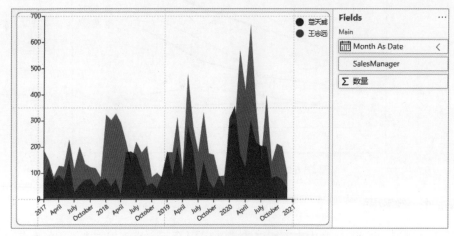

图 15-7　创建面积图需要使用条带连接

在示例数据中，"SalesManager"和"数量"字段已在本书所绘制的图表中多次被用到，相信你已经相当熟悉了。而"Month As Date"字段是第一次被使用，它是日期表中新添加的计算列，其中的公式计算结果是每个日期对应年月的起始日，如图 15-8 所示。由于此处的面积图展示了跨年的月销量数据，所以需要借助"Month As Date"字段在 X 轴上生成日期类型的年月数据。在这里，不能在 X 轴上使用月份名称等字段，原因是这些字段会生成分类轴而非我们想要的日期轴。

```
Month As Date = STARTOFMONTH( '日期'[日期] )
```

日期	YearName	年份序号	月份名称	月份序号	年月名称	年月序号	Month As Date
2017/1/1	Y2017	2017	M1	1	Y2017M1	201701	2017/1/1
2017/1/2	Y2017	2017	M1	1	Y2017M1	201701	2017/1/1
2017/1/3	Y2017	2017	M1	1	Y2017M1	201701	2017/1/1
2017/1/4	Y2017	2017	M1	1	Y2017M1	201701	2017/1/1
2017/1/5	Y2017	2017	M1	1	Y2017M1	201701	2017/1/1
2017/1/6	Y2017	2017	M1	1	Y2017M1	201701	2017/1/1
2017/1/7	Y2017	2017	M1	1	Y2017M1	201701	2017/1/1
2017/1/8	Y2017	2017	M1	1	Y2017M1	201701	2017/1/1
2017/1/9	Y2017	2017	M1	1	Y2017M1	201701	2017/1/1
2017/1/10	Y2017	2017	M1	1	Y2017M1	201701	2017/1/1

图 15-8　The "Month As Date"字段是一个计算列

仔细观察图 15-7，虽然这里将"Month As Date"字段用作 X 轴数据，但轴上只有年份数据标签——这是因为 Charticulator 将日期类型字段当作连续型数据，将此图表缩放后图表自适应只显示年份数据标签，用户可以放大图表尺寸，将月份数据标签也显示出来，这一点与 Power BI 同类型的原生图表相似。使用日期（或者日期时间）类型字段的方便之处在于将字段绑定到 X 轴上后就可以使用绘图区的"Range"（范围）属性筛选日期范围，如图 15-9 所示。

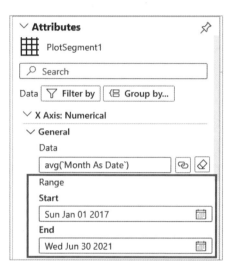

图 15-9　可以编辑绘制在轴上的日期（或者日期时间）数据的起始日和结束日

下面让我们重新回到连接的主题上，学习构建一张使用条带连接的面积图。首先将"Month As Date"字段绑定到 X 轴上，接着构建图标——在 15.1 节中介绍了条带连接最适合与矩形标记搭配使用，所以，本例介绍的面积图也采用矩形作为图标；另外，还需要数值 Y 轴来体现销量的多少；由于在 4.2 节已经介绍了矩形图标不适合根据数值轴进行绘制，因此还要在"Glyph"（图标）窗格中添加数据轴，以让用户根据数据轴上的数值绘制表示销量的矩形。

在图 15-10 中可以看到如何配置图表。在数据轴上绘制数值字段"数量"，并将矩形与数据轴上的数据点对齐。现在可以将矩形的宽度设为 2，这样矩形就几乎不会被显示在"Glyph"（图标）窗格或图中。然后单击工具栏上的连接按钮，在弹出的下拉列表中选择"Band"（条带）选项，连接分类字段"SalesManager"，这样就填充了图表中相应的位置区域。再将矩形的宽度属性设为 0 将其隐藏。最后可以把分类字段"SalesManager"绑定到条带的"Color"（颜色）属性上。

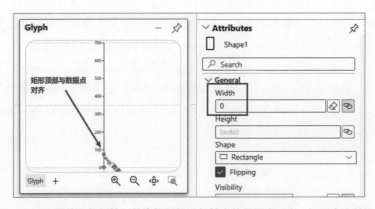

图 15-10　面积图使用数据轴，其中矩形标记与轴上的数据点对齐，矩形宽度被设为 0

15.3　连接绘图区

在第 11 章中介绍了如何构建一张包含多个绘图区的图表，本节会介绍如何在不同的绘图区之间连接图标。

15.3.1　垂直丝带图

图 15-11 所示的图表是丝带图的一个变体，它使用条带来连接两个绘图区的图标以显示和对比每个省份的折扣数量和销售数量。图表中的省份分别按折扣数量和销售数量升序排序，从而能让我们更清楚地比对数据。

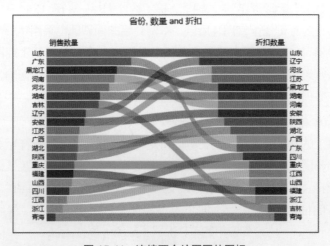

图 15-11　连接两个绘图区的图标

下面还是新建一张图表用来构建本例的丝带图。绘制此丝带图要用到两个绘图区，每个绘图区都有各自的图标，每个图标均包含一个矩形标记。两个绘图区都使用"Stack Y"（*Y* 轴堆叠）子布局，两个绘图区分别靠左和靠右对齐。

> **提示**：你需要在图表画布上创建引导线，将绘图区锚定到引导线上。

把"数量"字段绑定到一个矩形的"Width"（宽度）属性上，再按住 Shift 键（译者注：此处按 Shift 键的作用是生成一个新的刻度选项，参考 9.1.4 节）把"折扣"字段绑定到另一个矩形的"Width"（宽度）属性上。然后使用"Band"（条带）连接两个绘图区，如图 15-12 所示。

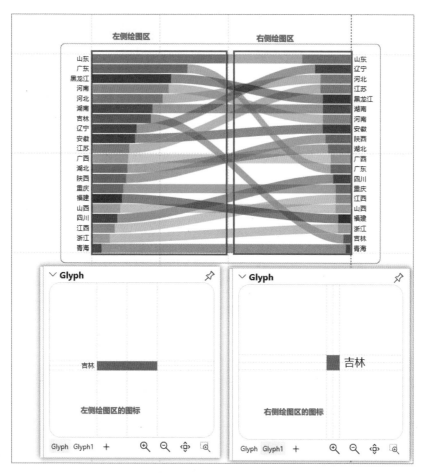

图 15-12　连接两个绘图区

注意，请务必使用文本标记来显示 *Y* 轴上的省份，如果将"省份"字段直接绑定

到 Y 轴上，那么矩形图标就无法按数值排序了（有关排序轴标签的详细信息，请参阅 5.3.3 节内容及提示）。

15.3.2　比例图

图 15-13 所示的比例图使用了与 15.3.1 节制作的垂直丝带图相同的技巧，其中对比了 2019 年和 2020 年的销量数据。

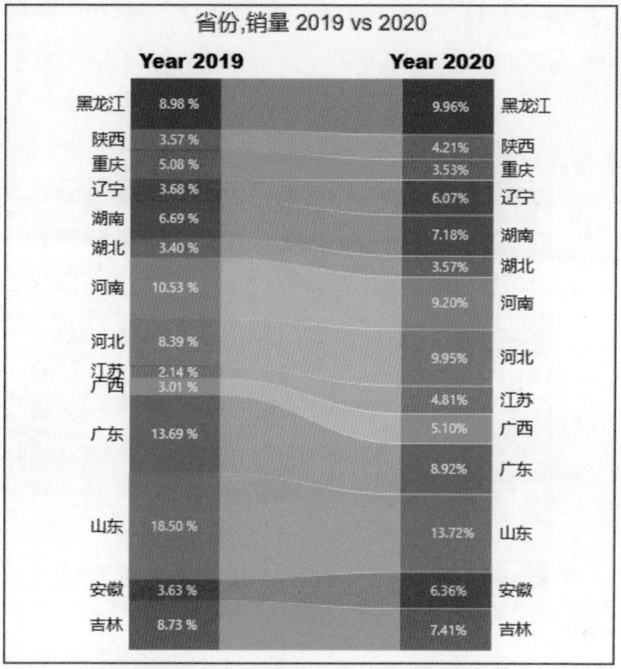

图 15-13　比例图同样使用条带连接绘图区

图 15-14 展示了图表元素的细节，其中还是使用两个绘图区并都应用"Stack Y"（Y 轴堆叠）子布局。在"Glyph"（图标）窗格中调整两个矩形的宽度，分别占据左右两块图标空间，如此就可以为连接绘图区的条带留出空间。然后将度量值"SalesQty.2019"绑定到位于图表左侧矩形的"Height"（高度）属性上，再按住 Shift 键将度量值"SalesQty.2020"绑定到位于图表右侧矩形的"Height"（高度）属性上。接着在"Link"（连接）的属性窗格中将"Type"（线型）更改为"Bezier"（曲线），最后调整文本标记的格式为图表进行润色。

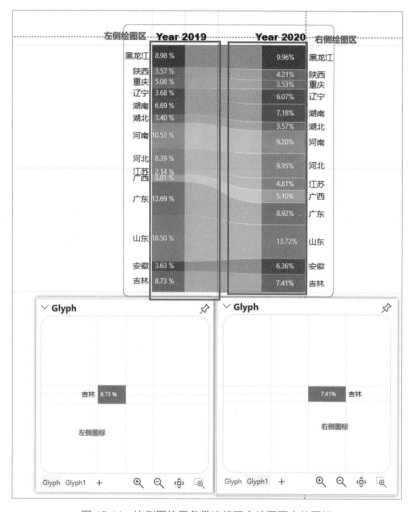

图 15-14　比例图使用条带连接两个绘图区中的图标

15.4　连接绘图区内的类别

使用多个绘图区的一大优点是可以融合多种类型的图表进行可视化设计。如图 15-15 所示的图表就同时包含了簇状柱形图和折线图。下半部分的折线图按类别（如 "SalesManager" 分类字段）连接图标（图表中的圆形符号）。在设计带有多个绘图区 的图表时，单击工具栏上的 "Link"（连接）按钮后，只能连接绘图区，想要进一步连 接绘图段内的类别，则需要继续单击对应的绘图区，其下方会展开能够连接的类别清单。参考图 15-2 中的第 3 张"连接绘图区内的类别"示例图，可以设计出各种类型组合的图表并对选定的类别添加连接。

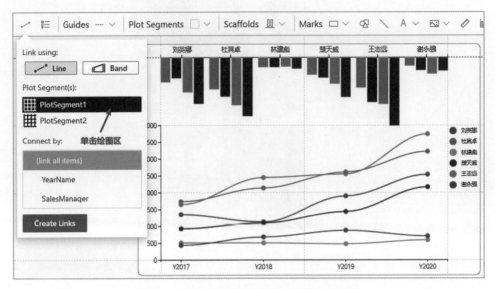

图 15-15　单击绘图区以在其中连接各个类别

15.5　连接数据

到目前为止，我们使用过的所有连接都用于连接图表上特定类别中**相同**的项，例如，连接折线图中表示销售经理的符号，或连接不同绘图区中表示省份的矩形。本节介绍另一种连接图标的方法，即把同一类别中**不同**的项关联起来以发现它们之间的相关性。表 15-1 中罗列了欧洲四国之间的贸易往来关系，图 15-16 是表示贸易关系的共现图。在这里，列中的值，即国家名称，是相互关联的。

表 15-1　欧洲四国之间的贸易往来关系

Countries（国家）	出口到……	从……进口
UK（英国）	法国，德国，西班牙	法国，德国
France（法国）	英国	英国，德国
Germany（德国）	英国，法国	英国
Spain（西班牙）	—	英国

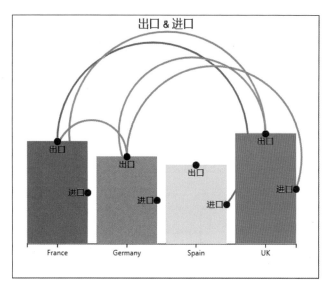

图 15-16　欧洲四国之间的贸易往来关系

在 Charticulator 中，可以用"Link Data"（连接数据）功能来连接同一字段中彼此相关的不同项。

15.5.1　共现图

这里用图 15-17 所示的源数据来构建本节的示例图表（见图 15-16 ）。"共现图-Nodes"表中包含字段"id"和字段"Value"。字段"id"代表各国名称，字段"Value"代表各国的贸易总量。"共现图-Links"表中包含字段"source_id"和"target_id"，其中字段"source_id"代表出口国，它可以用来和"共现图-Nodes"表中的"id"字段在数据模型中建立多对一的关系；"target_id"字段代表进口国。

图 15-17　生成图 15-16 所需的两张表及其数据

请注意，因为"共现图-Nodes"表中的"id"字段的每个值都必须与"共现图-Links"表中的"source_id"字段的值相匹配，所以即使"Spain"（西班牙）和其他国家没有出口贸易关系，但仍需保留在"共现图-Links"表的"source_id"字段中。

> **提示**：将字段放入 Power BI 视觉对象的数据栏后，可以在数据栏中对这些字段重命名以更好地识别各项数据，并且这么做并不会影响字段在数据模型中的名称。

接下来在 Power BI Desktop 的模型视图中创建两张表之间的一对多关系，将字段"id"与字段"source_id"关联起来，如图 15-18 所示。这一步将在国家之间建立关联，进而在图表中连接有贸易往来的国家。

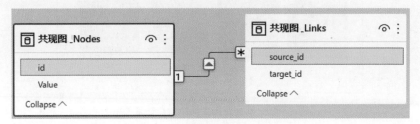

图 15-18　创建两表之间的一对多关系

下面创建一张新的 Charticulator 图表，将"共现图-Nodes"表中的字段放入"Data"（数据）栏中，将"共现图-Links"表中的字段放入"Links"（连接）栏中，如图 15-19 所示。

图 15-19　将字段放入相应的栏中

在"Glyph"（图标）窗格中添加一个矩形标记，将"Value"字段绑定矩形的"Height"（高度）属性。你可能需要编辑"Shape1.Height"（形状 1.高度）刻度/色阶选项的"Range"（范围）属性的"End"（终止）值，以避免矩形太高影响连接的视觉效果。本例中将其设为了 180。然后单击工具栏上的"Link"（连接）按钮连接数据，接着选择"By Link Data"（通过数据连接）选项并单击"Create Links"（创建连接）按钮，在默认情况下连接符是曲线。

在完成这一系列的步骤后，我们暂时还只是看到国家之间会有关联，但具体的贸易关系（进口还是出口）在图表里没有明确表现出来。这是因为代表出口和进口的连接线的锚点处于相同的位置上——即矩形底部的中心锚点，因此就不能区分数据的"流出（出口）"和"流入（进口）"。

注意：未正确设置锚点位置有可能导致图表出现问题，所以，请记得在应用"By Link Data"（通过数据连接）功能创建连接后仔细查看锚点的位置。

要解决上述问题，就得更改锚点的位置使连接线置于矩形的上方，还需要选择两个不同的锚点：一个代表出口，另一个代表进口。在 15.1 节中已经介绍过如何更改锚点——在"Layer"（图层）窗格中选中"Link1"（连接 1）选项，然后单击图表中适当的位置来重新定位锚点，如图 15-20 所示。调整连接线的锚点位置后，在图表中就同时标识出了分别代表进口和出口关系的连接线。

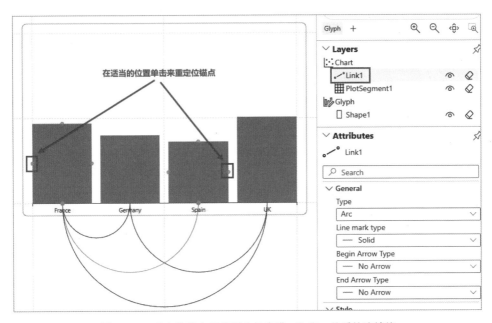

图 15-20　重定位锚点后将区分代表进口和出口关系的连接线

将"source_id"字段绑定连接线的"Color"（颜色）属性后，连接线的颜色就能对应各个国家（注意，此处不是用"id"字段来绑定连接线的颜色属性）；继续将"id"字段绑定矩形的"Fill"（填充）属性并添加所需的文本标记或符号来加强图标的可读性。图 15-16 用了黑色符号来标记矩形的锚点，以标识进口和出口。

15.5.2　和弦图

对图 15-16 所示的图表应用环形支架，就能进一步将其转换为和弦图，如图 15-21 所示。请注意，由于在和弦图中调整了锚点的位置，所以无法区分进口和出口。

图 15-21　对图 15-16 所示的图表应用环形支架后生成和弦图，但无法区分进口和出口

15.5.3　桑基图

Charticulator 中的 "By Link Data"（通过数据连接）功能还可以连接同一字段中不同的项并包含字段的隐含分组以构建图表，从而绘制出数据在不同分组之间的流向或者关系。

如图 15-22 所示的 "桑基图-Nodes" 表中包含了按 "position"（职位）字段分组的员工清单，其中列出了从 "Team Member"（团队成员）到 "Director"（总监）的所有职员。"桑基图-Links" 表中明确了员工的汇报关系。"桑基图-Nodes" 表中的 "id" 字段对应 "桑基图-Links" 表中的 "source_id" 字段，"target_id" 字段是员工的上一级汇报对象，除两位职位级别最高的总监 "Josie" 和 "June" 外，每位员工都有一位上一级汇报对象。

接下来就要创建一张可视化图表来显示各职位级别之间的汇报关系，并将员工按职位分组，如图 15-23 所示。

图 15-22 源数据和员工汇报关系

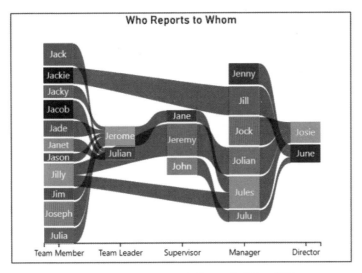

图 15-23 用图 15-22 中的数据生成的桑基图

在图 15-23 中，绑定 X 轴的"position（职位）"字段十分关键，它标识了员工的分组，进而决定数据在图表中由左至右的汇报流向并展示了职位的级别次序。

下面使用示例数据逐步构建桑基图。首先在 Power BI Desktop 的模型界面中将"桑基图-Nodes"表中的"id"字段与"桑基图-Links"表中的"source_id"字段关联起来，然后将字段分别放入"Data"（数据）和"Links"（连接）栏内，如图 15-24 所示。

图 15-24　桑基图使用的数据和连接

接着将"position"（职位）字段绑定绘图区的 X 轴，并把子布局更改为"Stack Y"（Y 轴堆叠子布局），将对齐方式设为"Middle"（居中）；接着在"Glyph"（图标）窗格中添加一个矩形标记，将"amount（数额）"字段绑定矩形的"Height"（高度）属性，将"id"字段绑定矩形的"Fill"（填充）属性；再调整绘图区的 X 轴的"Gap"（间距）大小，效果如图 15-25 所示。

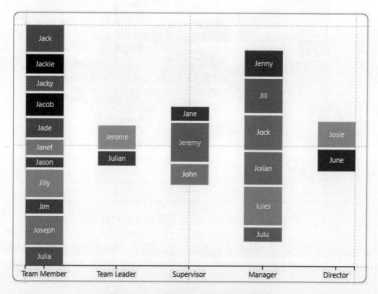

图 15-25　添加连接之前的桑基图

单击工具栏上的"Link"（连接）按钮，选择"Band"（条带）作为连接样式，选择"By Link Data"（通过数据连接）选项后创建连接。添加了连接的图表此时看上去有些杂乱，如图 15-26 所示。

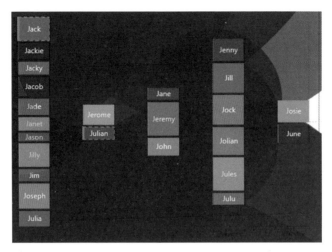

图 15-26　桑基图在刚开始时显得有些杂乱

我们需要编辑连接的属性，把"Type"（类型）从"Arc"（弧形）改为"Bezier"（曲线），并将连接的锚点从矩形的左侧改到右侧，如图 15-27 所示。如此就大功告成了。

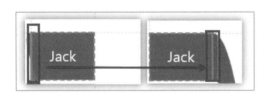

图 15-27　调整桑基图连接锚点的位置

完成桑基图的设计为本章的学习拉上了帷幕。通过本章的学习，你可以了解到除创建折线图外，Charticulator 的连接功能还可以用来设计许多特别的图表，比如面积图与和弦图，设计这些看似完全不同类型的图表都离不开"Link"（连接）的功劳。

第 16 章会介绍如何在单一的轴上绘制图表。

第 16 章

线条绘图区

在谈到数据可视化时，人们通常会先入为主地想到数据被以各种形式绘制在 X 轴和 Y 轴上形成一张图表，贯穿本书的诸多示例图表也的确遵循这个套路。不过，在 Charticulator 中，还可以用另一种有别于常规的方法制作图表——在**单独**的一条轴上进行数据可视化设计。使用 Charticulator 的线条绘图区（本章的主题）就可以实现这一点，它可以帮助用户构建以独立的线条作为轴的图表。通过初步的学习，你会感到使用单个线条绘图区实现的可视化效果和分析功能很单一，但是如果可以借鉴第 11 章介绍的绘制多个平面绘图区的思路，绘制多个线条绘图区并连接各个绘图区中的图标，就可以大大拓展线条绘图区的威力。本章对此也会做详细介绍。图 16-1 所示的两张图表就是使用了多个线条绘图区并连接了各个图标的可视化设计示例。

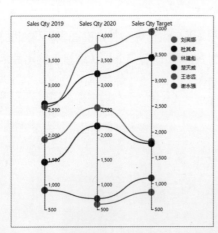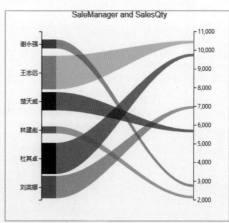

图 16-1　使用了多个线条绘图区并连接了各个图标的可视化设计

图 16-1 所示的两个图表是斜率图的变体形式。相比传统的斜率图，它们包含的信息更丰富，视觉效果也更好。在接下来的内容里会介绍如何设计这些图表，其中会用到前面所学的各种技巧。

16.1　创建线条绘图区

（1）新建一张 Charticulator 图表，单击"Layers"（图层）窗格中"PlotSegment1"（绘图区 1）右侧的橡皮擦按钮将其删除。

（2）在画布上添加一条竖直的"Guide X"（X 轴引导线），这条引导线用于锚定后面将会使用的线条绘图区。

（3）单击工具栏上的"Plot Segments"（绘图区）按钮并在弹出的下拉列表中选择"Line"（线条），然后沿着刚刚添加的引导线拖曳鼠标，这样一个竖直的线条绘图区就创建完成了（译者注：参考 10.4 节，要注意锚点必须显示为绿色圆点，这表示锚定生效，否则绘图区的位置将会随机移动）。该绘图区是一个单线条轴，可以在上面绘制数据，如图 16-2 所示。

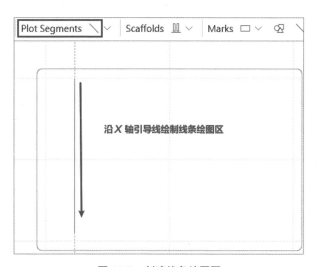

图 16-2　创建线条绘图区

与平面绘图区的 X 轴和 Y 轴类似，基于绘制在轴上的不同数据类型，线条轴也可以作为分类线条轴（使用分类数据）或者数值线条轴（使用数值数据），下面会逐一进行介绍。

16.2　使用分类线条轴

在本例使用的数据集中，有我们已十分熟悉的分类字段"SalesManager"和数值字段"数量"。在 16.1 节创建的线条绘图区中，添加一个矩形作为图标，将"SalesManager"字段绑定矩形的"Fill"（填充）属性，将"数量"字段绑定矩形的"Height"（高度）属性，将"Scales"（刻度/色阶）窗格里对应刻度/色阶选项的"Range"（范围）属性的"End"（终止）值设为 100（译者注：该数值可根据需要调整，本例使用 50 亦可）。最后，把"SalesManager"字段拖曳到线条轴上完成绑定，增加绘图区的"Tick Size"（刻度标记）属性的数值大小从而将数据标签显示在合适的位置，如图 16-3 所示。

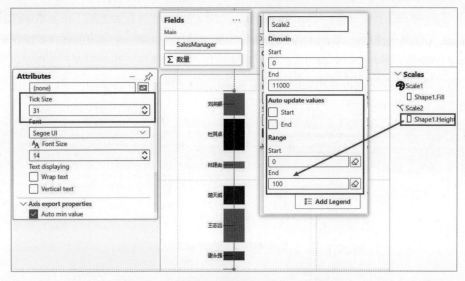

图 16-3　将数据绘制到线条轴并完成各项设定

这样的分类线条轴相当于普通图表中的 X 轴或 Y 轴，它本身并没有特殊之处，但如果和数值线条轴结合起来就能发挥极大的作用。16.3 节会介绍如何创建和使用数值线条轴。

16.3　使用数值线条轴

（1）使用与 16.2 节相同的数据集再次新建一张 Charticulator 图表，单击"Layers"

（图层）窗格中"PlotSegment1"（绘图区 1）右侧的橡皮擦按钮将其删除。

（2）在画布上添加一条竖直的 *Y* 轴引导线。单击工具栏上的"Plot Segments"（绘图区）按钮并在弹出的下拉列表中选择"Line"（线条）。这一次沿着引导线由下往上拖曳鼠标创建绘图区（在本例中自下而上拖曳鼠标的目的是让之后生成的数值轴刻度从轴底部开始升序排列）。

（3）将"数量"字段绑定线条轴，如图 16-4 所示。

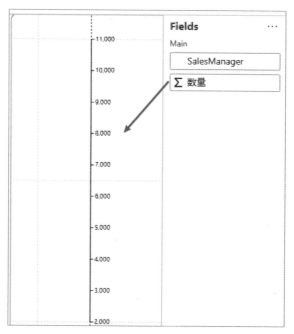

图 16-4　将数值字段绑定到线条绘图区中

如此便完成了数值线条轴的创建，它有着和普通数值轴相同的属性，可以在其属性窗格中进行编辑，比如把刻度标签的数据格式转换为货币格式，调整"Tick Size"（刻度标记）的大小及其他各种设置（参考第 7 章数值轴的内容）。

16.3.1　在数值线条轴上绘制图标

如果在之前的绘图区中添加一个矩形标记作为图标，就可以像在平面绘图区中使用数值轴那样（译者注：参考图 4-5 所示的示例），图表中的矩形会有部分重合并排列在线条轴上。矩形重合的原因是矩形的中心点对应于数值轴上的值。由于具有这样的特性，所以在数值轴上使用符号更为合适，或者也可以缩小矩形标记使其尺寸与符号相近。在本章后面的内容里会用到这个技巧。

如图 16-5 所示，"Glyph"（图标）窗格中使用了符号并绑定了"SalesManager"字段生成了一个数值线条轴。

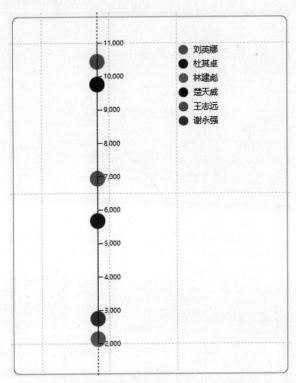

图 16-5　数值字段"数量"被绑定到线条绘图区中并使用符号作为图标

虽然图 16-5 中绘制了每位销售经理的销量，但是图表中包含的信息量很少。16.3.2 节将基于此进行拓展，使用多条数值线条轴并配合第 15 章所介绍的 Charticulator 连接功能，增加图表的信息密度并提升可视化效果。

16.3.2　多个数值线条轴

使用多个线条绘图区能够在图表中同时展示多项数据指标，这个技巧也是本书第 14 章探讨的主题；第 15 章介绍了连接不同绘图区中的图标可以有效地设计出富有数据见解的可视化图表。下面综合这两章所学的技巧并用线条绘图区设计出如图 16-6 所示的斜率图，其中对比了各销售经理在 2019 年和 2020 年的销量。创建这张图表的具体步骤如下。

（1）在"Glyph"（图标）窗格中添加两个线条绘图区和一个符号。

（2）将度量值"SalesQty.2019"和"SalesQty.2020"分别绑定到两个数值轴上。

（3）单击工具栏上的"Link"（连接）按钮，在弹出的下拉列表中选择"Line"（线条）选项为两个绘图区创建连接。

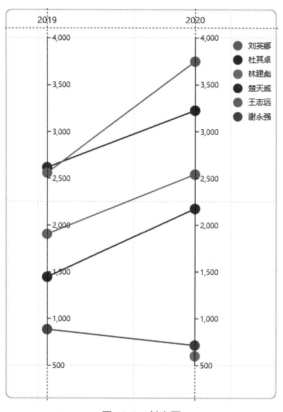

图 16-6　斜率图

需要注意的是，在用到不同的度量值时，通常需要编辑绘图区的"Attributes"（属性）窗格中的"Range"（范围）属性的"from"（起始）和"to"（终止）值，将数据范围保持在相同的区间。

> **备注**：如果编辑了"Range"（范围）属性的"from"（起始）值和 "to"（终止）值，请记得在数据轴的"Attributes"（属性）窗格中取消勾选"Data Axis export properties"（数据轴属性导出）选项下的所有选项，以确保在保存 Charticulator 图表时我们重新定义的数值范围可以生效。

图 16-7 所示的斜率图的制作方法和图 16-6 类似，其中添加了第 3 个度量值"SalesQty.Target"，总共包含 3 个线条绘图区。通过连接线条绘图区并将连接线类型设为"Bezier"（曲线）可以使视觉效果更为平滑。

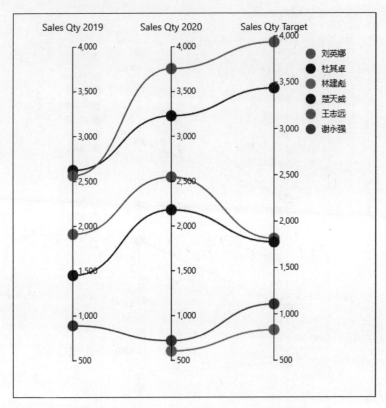

图 16-7　使用多个线条绘图区展示多项数据指标

现在你已经能够运用多个线条绘图区了，以及通过连接它们的图标构造出斜率图及这类图表的各种变体形式。

到目前为止，本章所涉及的示例图表都是在类型相同的线条轴（译者注：16.3.1 节和 16.3.2 节均使用数值线条轴）之间进行连接，如果想在图表中组合使用分类线条轴和数值线条轴，就需要掌握连接数值线条轴和分类线条轴的方法，这是 16.4 节介绍的内容。熟练掌握这些内容就能进一步加强你使用线条绘图区进行数据可视化设计的能力。

16.4　分类线条轴和数值线条轴的组合使用

图 16-8 所示的图表是斜率图的变体，它同时使用了分类线条轴和数值线条轴并添加了条带连接以增强可视化效果，从中我们可以直观地比较各年度的销量。

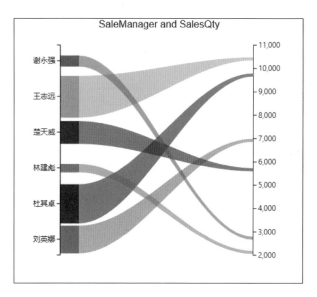

图 16-8　分类线条轴和数值线条轴的组合使用

图表的左侧是绑定了"SalesManager"字段的分类线条轴，右侧是绑定了"数量"字段的数值线条轴。

在 16.2 节中介绍了使用矩形作为图标在线条绘图区中创建分类线条轴，在 16.3 节中介绍了数值线条轴和符号图标搭配使用效果最佳。是不是将这两节的经验结合起来就可以了呢？没那么简单，我们必须要克服一项困难：Charticulator 不支持直接使用条带连接分类线条轴上的矩形和数值线条轴上的符号。我们只能将一个矩形连接到另一个矩形。

在此，我们要用矩形（而非符号）作为数值线条轴上的图标，并将矩形的宽度和高度尽可能设为较小的数值，使其接近于符号的大小，如图 16-8 所示。具体步骤如下。

（1）先创建一个被锚定在左侧竖直的 X 轴引导线上的线条绘图区，在其"Glyph"（图标）窗格内添加矩形，并将数值字段"数量"绑定矩形的"Height"（高度）属性，将分类字段"SalesManager"绑定矩形的"Fill"（填充）属性。根据数据集的情况，编辑矩形的"Height"（高度）属性的数值范围，本例设为 0~70，如图 16-9 所示。

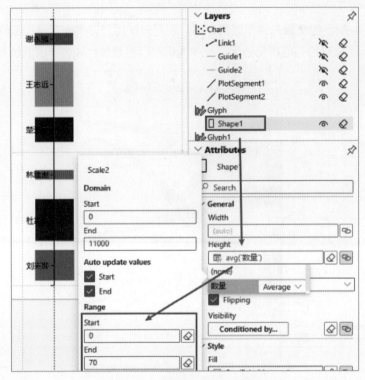

图 16-9　构建图表的初步设置

（2）由于矩形横跨线条轴影响了观感，在"Glyph"（图标）窗格中拖曳矩形进行调整，将它的左侧边缘锚定在中央引导线上，这样矩形就位于线条轴的右半边了，如图 16-10 所示。

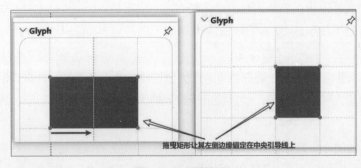

图 16-10　调整矩形

（3）把分类字段"SalesManager"绑定到分类线条轴上，将线条绘图区的"Position"（位置）属性设为"Opposite"（相反）。如果还想调整轴标签的位置，则可以调整线条绘图区的"Tick Size"（刻度标记）属性的值。

（4）单击"Glyph"（图标）窗格左下方的加号按钮新建一个图标，然后沿着右侧的 X 轴引导线自下而上地绘制出第二个线条绘图区；如第 11 章介绍的那样，此时新创建的图标和第二个线条绘图区就互相关联起来了。

（5）把数值字段"数量"绑定到上一步创建的线条绘图区中，并在"Glyph"（图标）窗格中添加矩形。在该矩形的属性窗格中将"width"（宽度）设为 1，将"Height"（高度）设为 5，如图 16-11 所示。这样设置后矩形图标就会变得很小以至于在图表中几乎不可见，实现了近似于隐藏的效果。

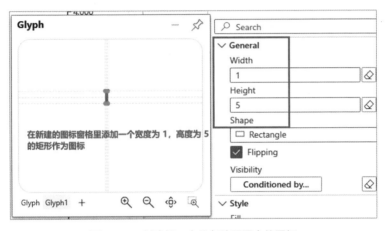

图 16-11　创建第二个线条绘图区中的图标

（6）单击工具栏上的连接按钮并在弹出的下拉列表中选择"Band"（条带）选项，连接两个绘图区，在"Attributes"（属性）窗格中将类型设为"Bezier"（曲线），如图 16-12 所示。

在上面的例子中通过使用线条绘图区对比单项数据指标（销量数据）。现在更进一步，在图表中容纳更多的数据指标，在图 16-12 的基础之上增加折扣数据。图 9-14 所示的就是同时包含销量数据和折扣数据的簇状柱形图。在本节中，我们可以将两个数值线条轴和一个分类线条轴组合使用，并借鉴图 16-12 所示的设计方法构造图表来同时展现销量数据和折扣数据，如图 16-13 所示。

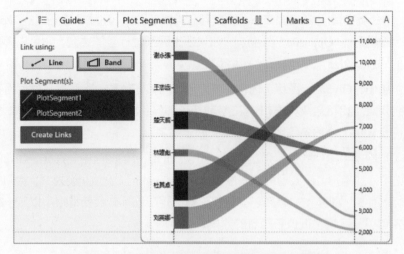

图 16-12　使用条带将两个绘图区的图标连接起来

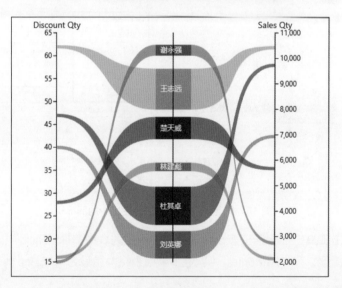

图 16-13　使用 3 个线条绘图区（两个数值线条轴 + 一个分类线条轴）设计的图表

　　通过本章的学习，相信你已经了解了线条绘图区的用法。其在搭配条带连接多个图标来对比各项数据指标的应用场景下所产生的作用尤为突出。在绘制本章的示例图表时也用到了几乎所有先前章节中教授的技巧。

　　关于 Charticulator 的学习即将接近尾声，很高兴你能一路坚持下来！现在你运用 Charticulator 的能力可以说相当精进了。接下来的 3 章内容将不再局限于创建各式各样的图表，还会介绍 Charticulator 工具栏中提供的其他功能。

第 17 章

模板和嵌套图表

本章会介绍 Charticulator 的以下两项功能，以帮助用户更好地管理其设计的图表：

（1）使用模板为不同的数据集构造图表。

（2）使用嵌套图功能创建小多图。

17.1　将图表保存为模板

Charticulator 的一大优点是可以为不同的数据集套用图表模板。下面以第 13 章中介绍的南丁格尔图为例（见图 17-1），介绍如何保存和使用模板。

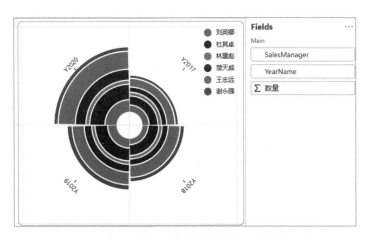

图 17-1　这张图表可以作为模板被套用到其他数据集

在图 17-1 中显示了每位销售经理每年的销量，如果可以套用相同的图表模板来展示各个地区每年的销量，那可就方便多了。

在设计 Charticulator 图表的过程中，把字段绑定到各种属性中是必不可少的步骤，这些属性扮演着容器的作用。容器中的数据（译者注：即被绑定到属性中的字段）发生变化并不会对图表的整体样式造成影响。更换容器中的数据从概念上理解就是把图表的原始字段映射到其他的分类字段或数值字段中，这也正是 Charticulator 图表模板发挥作用的地方。

在把精心设计的图表保存为模板之前，你必须具备相应的安全权限，也就是你的 Power BI 账号所在组织的 IT 管理员需要在管理门户的"Tenet"（租户）设置中启用"Allow downloads from custom visuals"（允许从自定义视觉效果中下载）选项，如图 17-2 所示。

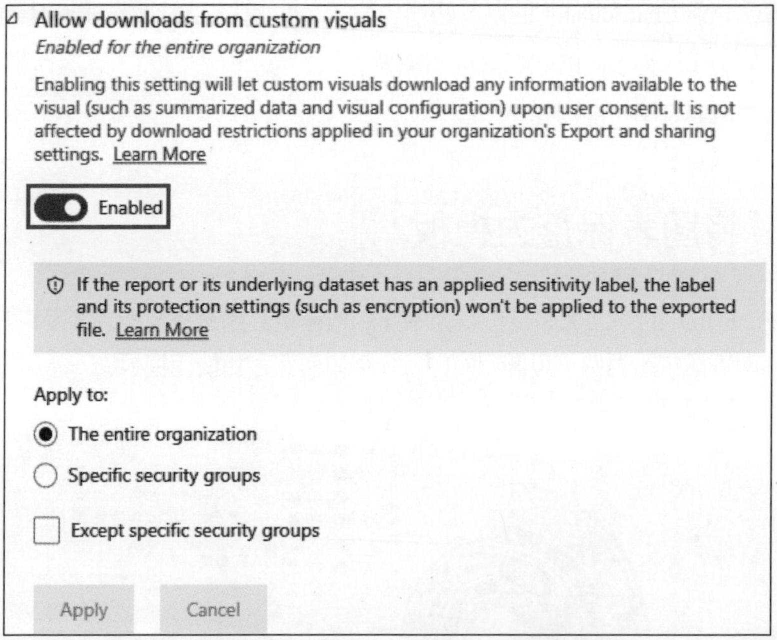

图 17-2　要将图表另存为模板，则必须启用"Allow downloads from custom visuals"（允许从自定义视觉效果中下载）选项

在获得必要的权限后可以保存和套用模板，步骤如下。

（1）打开想要保存为模板的 Charticulator 图表，然后单击右上角的导出模板 ↦ 按钮，如图 17-3 所示。

图 17-3　单击右上角的导出模板按钮

（2）完成第 1 步后会弹出如图 17-4 所示的警告信息，单击"Download"（下载）按钮将 JSON 模板文件保存到本地计算机中。

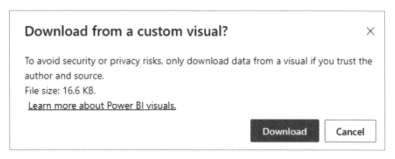

图 17-4　下载自定义视觉对象前显示的警告信息

（3）在 Power BI 中添加一张全新的 Charticulator 图表，把所需的字段放置到"Data"（数据）栏内。本例使用了"地理位置"表的"地区"字段、"订单"表的"数量"字段和"日期表"的"YearName"字段。单击图表右上角的"Edit"（编辑）按钮，再单击"Import template"（导入模板）按钮打开之前保存的 JSON 模板文件，如图 17-5 所示。

图 17-5　单击"Import template"（导入模板）按钮

（4）接着会弹窗提示你映射数据。在本例中把"地区"字段映射到图表模板的"SalesManager"字段中，如图 17-6 所示。

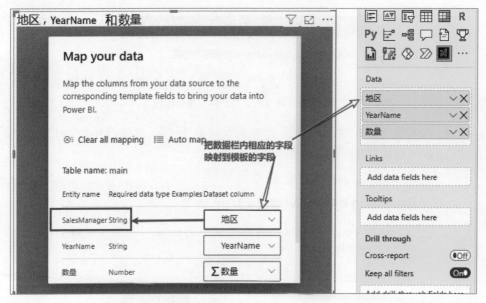

图 17-6　将新字段映射到图表模板保存的原始字段中

如图 17-7 所示，这里使用模板创建了相同样式的南丁格尔图，其中展示了各地区的销量数据。

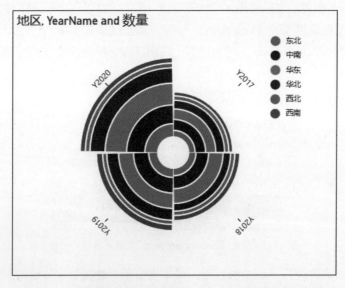

图 17-7　用不同的数据创建与图 17-1 样式相同的南丁格尔图

> **译者注**：如果你无法从 IT 管理员处获得上文提到的 "Allow downloads from custom visuals"（允许从自定义视觉效果中下载）权限，那么通过复制 Charticulator 图表，然后替换其中所用的字段并设置新字段的映射，同样可以套用图表模板。

如果 Charticulator 图表中被绑定到属性中的字段发生了更改，则也会弹窗提示用户选择一个新的字段映射到原有字段中。这是使用不同数据集复用图表样式的另一种方式。

除把自己设计的图表保存为模板进行复用外，也可以通过访问 Charticulator 用户社区（译者注：地址请参考本章的随书下载资料）获取各种模板。其中不乏极富视觉美感和冲击力的图表，均可以免费下载。在这里可以挑选你感兴趣的模板并将新的数据进行映射并查看效果。

下载图表模板的步骤如图 17-8 所示。

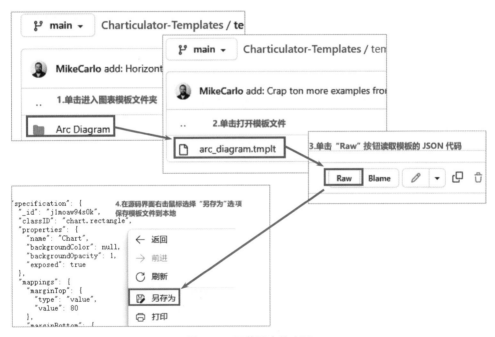

图 17-8　下载图表的步骤

（1）浏览并选择你感兴趣的图表模板[本例选择了 "Arc Diagram"（弧形图）]，单击访问模板所在的文件夹。

（2）单击打开以 ".tmplt" 为后缀的模板源码文件。

（3）单击右上角的"Raw"（源码）按钮浏览模板的 JSON 代码。

（4）在代码界面中单击鼠标右键并在弹出的对话框中单击"另存为"按钮，将模板保存为以".tmplt"为扩展名的文件到本地计算机中，套用模板的方法与上文相同。

使用图表模板可以帮助用户加深对 Charticulator 的实际应用和使用技巧的理解，也可以有效避免用户浪费精力重复"造轮子"。相关社区和网站中的素材让我们可以站在前人的肩膀上。在此强烈建议你花一些时间去探索优秀的图表模板。

17.2　小多图

我们可以在 Charticulator 中创建小多图（也被称为嵌套图）。图 17-9 所示的是一张包含多个玫瑰图的小多图，其中每位销售经理的销量均用一张玫瑰图表示。

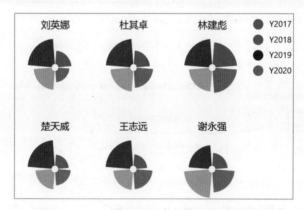

图 17-9　小多图

下面通过用"YearName""SalesManager"和"数量"这 3 个字段创建一张新的 Charticulator 图表来介绍如何构造如图 17-9 所示的小多图。其中"YearName"和"数量"字段是每张玫瑰图中都会用到的字段，"SalesManager"字段的作用则是为小多图中的分类项生成多张玫瑰图。这里需要用到绘图区的"Group by…"（分组依据）属性，并按"SalesManager"字段对数据进行分组，如图 17-10 所示。具体步骤如下。

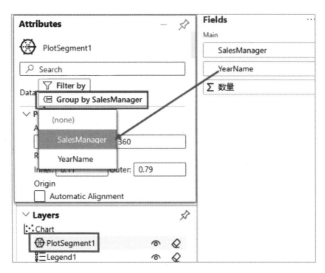

图 17-10　构造小多图需要用到"Group by…"（分组依据）属性并按特定字段（本例中为"SalesManager"字段）对数据进行分组

（1）单击工具栏上的"Nested Chart"（嵌套图）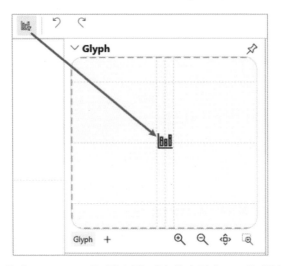按钮并将其拖曳到"Glyph"（图标）窗格中，如图 17-11 所示。这会为画布中的每张图表创建一个绘图区。

图 17-11　将"Nested Chart"（嵌套图）按钮拖曳到"Glyph"（图标）窗格中

（2）由于绘图区的默认子布局是"Stack X"（X 轴堆叠），因此，画布的整体布局看起来很别扭，尤其是在分类数量特别多的时候。下面将绘图区的子布局更改为"Grid"（网格），此时画布将看起来更有序，如图 17-12 所示。

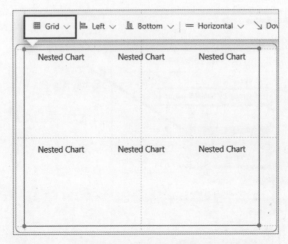

图 17-12　将绘图区的子布局更改为"Grid"（网格）

（3）在"Layers"（图层）窗格中选中"NestedChart1"（嵌套图 1）选项，然后在"Attributes"（属性）窗格中单击"Edit Nested Chart"（编辑嵌套图）按钮，如图 17-13 所示。

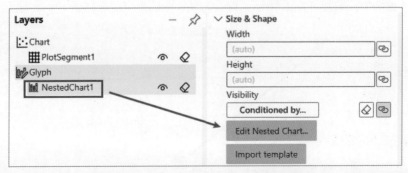

图 17-13　在嵌套图的"Attributes"（属性）窗格中单击"Edit Nested Chart"（编辑嵌套图）按钮

（4）将画布切换到嵌套图设计界面，在这里可以设计图表。在此处设计图表的方法与你在本书中所学的别无二致。在本例中，在"Glyph"（图标）窗格中添加一个矩形，并将"YearName"字段绑定到矩形的"Fill"（填充）属性上，将"数量"字段绑定到矩形的"Height"（高度）属性上。在绘图区应用环行支架以设计玫瑰图（译者注：玫瑰图的详细设计方法可参考 13.3.1 节）。再把小多图的分组字段"SalesManager"绑定到"Layers"（图层）窗格的"Title"（标题）的"Text"（文本）属性上，这样小多图中的每张玫瑰图都会有相应的分类标签。

（5）单击左上角的"Save Nested Chart"（保存嵌套图）按钮后再单击它旁边的

"Close"（关闭）按钮回到主图表界面，如图 17-14 所示。

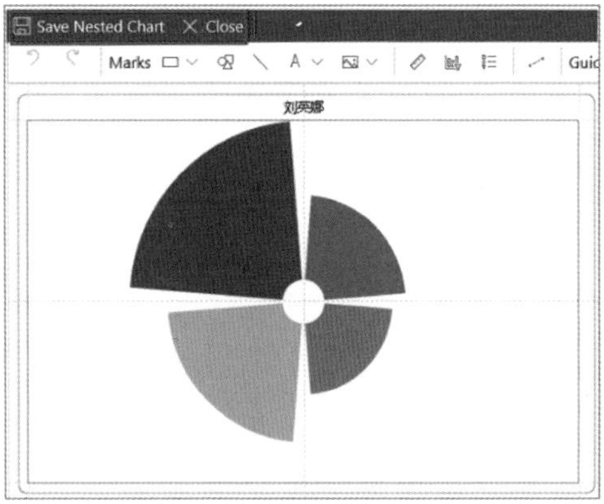

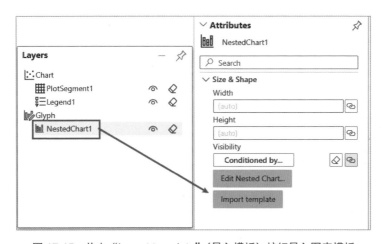

图 17-14　创建完小多图样式后保存并关闭

（6）在主界面画布中添加年份图例。现在每一张玫瑰图都构成一个图标，可以在绘图区的"Attributes"（属性）窗格中编辑"Gap"（间距）属性来调整图标的间距。

小多图的图表样式设计也支持套用图表模板，这样我们就节省了设计的时间。例如，可以使用图 17-1 所示的图表模板，具体操作步骤如下。

（1）完成绘图区的分组依据设置并且拖曳嵌套图按钮到"Glyph"（图标）窗格中。

（2）单击"Import template"（导入模板）按钮并选择想应用的模板文件，如图 17-15 所示。

图 17-15　单击"Import template"（导入模板）按钮导入图表模板

（3）模板图表的样式被映射在"Glyph"（图标）窗格中，选中"Lagers"（图层）窗格中的"NestedChart"（嵌套图）选项并在其"Attributes"（属性）窗格中单击"Edit Nested Chart…"（编辑嵌套图）按钮进一步编辑，比如删除图例或者添加数据标签等。

本章介绍了如何管理和复用 Charticulator 的图表模板，以及设计小多图。接下来我们要思考如何将 Charticulator 图表集成到 Power BI 报告中，以及这些图表与用户之间的交互。第 18 章中会对此做详细介绍。

第 18 章

与 Power BI 的集成

使用 Charticulator 设计的图表最终都要被无缝集成到 Power BI 报告中，并可以与浏览报告的用户交互。本章会介绍如何创建、修改和控制 Charticulator 图表的交互功能。

18.1　Charticulator 的交互选项

Charticulator 的标记/符号都具有"Interactivity"（交互）属性（见图 18-1），以便用户控制它们与 Power BI 画布上其他视觉对象的交互。下面会依次介绍这些交互属性，从中你可以了解每一个交互属性的效果及其如何控制 Power BI 报告中的图表浏览效果。

图 18-1　标记/符号的"Interactivity"（交互）属性，用来控制与 Power BI 视觉对象的交互

18.1.1　工具提示

启用"Tooltips"（工具提示）交互选项并把相应的字段放入 Power BI 视觉对象的"Tooltips"（工具提示）选项栏内。当用户将鼠标光标悬停在图表上时，字段数据就会被显示在 Power BI 的工具提示框中，如图 18-2 所示。可以在"Tooltips"（工具提示）选项栏内同时放入多个字段，但这些字段也需要同时在"Data"（数据）选项栏内。此外，Charticulator 图表并不支持通过报表页工具提示来动态展示其他页面的汇总数据，在这一点上不如 Power BI 原生的视觉对象灵活。

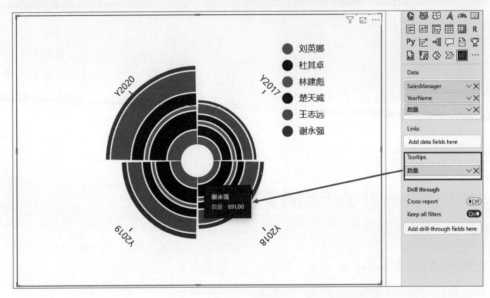

图 18-2　勾选 Charticulator 的"Tooltips"（工具提示）选项能将数据显示在 Power BI 的
工具提示框中

18.1.2　右键菜单

启用"Context menu"（右键菜单）选项后，当在 Charticulator 图表中的图标上单击鼠标右键时就会弹出右键菜单，如图 18-3 所示。此处的右键菜单和其他 Power BI 视觉对象的右键菜单是一样的。

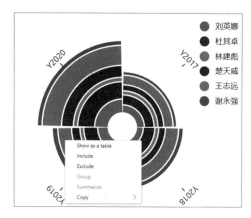

图 18-3　Charticulator 图表的右键菜单

18.1.3　单击交互

在启用"Selection"（单击交互）选项后，当单击 Charticulator 图表中的图标时，就会触发其与画布上的其他视觉对象的交互，如图 18-4 所示。Charticulator 图表对于 Power BI 的原生条形图和柱形图，与其交互方式为高亮显示相应的区域；对于 Power BI 的原生折线图，与其交互方式为筛选显示相应的区域，如果有必要，则可以编辑 Power BI 的"Format"（格式）选项卡中的"Edit Interaction"（编辑交互）选项来更改图表之间的交互方式。

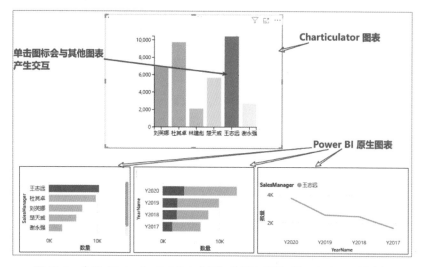

图 18-4　启用"Selection"（单击交互）选项来启用 Charticulator 图表与
其他 Power BI 视觉对象的交互

由于"Selection"（单击交互）选项是关联到每个标记/符号的，如果你设计了一个包含多种元素的图标，那么对于其中需要在图表中进行交互的所有元素都要为其勾选"Selection"（单机交互）选项，这样它们才能在报告中实现与其他图表的交互。

18.2 Charticulator 图表交互

18.1 节介绍了如何实现 Charticulator 图表与其他 Power BI 视觉对象的交互。反过来，在单击 Power BI 报告里的其他视觉对象时，Charticulator 图表又会如何响应呢？你或许会认为 Charticulator 将高亮显示相应的区域，或者通过编辑交互方式（方法同 18.1.3 节介绍的那样）将交互行为更改为筛选来高亮显示相应的区域。然而实际情况并不是那么简单，本节会对此进行详细介绍。

18.2.1 筛选显示 Charticulator 图表的相应区域

Power BI 画布中的视觉对象默认的交互方式是按用户的选择高亮显示相关数据部分，也可以通过编辑交互方式将交互方式更改为筛选显示，如图 18-5 所示。在更改为筛选显示的交互方式后，如果在 Power BI 图表中选择了数据，则在 Charticulator 图表中会对应地只显示该部分数据。

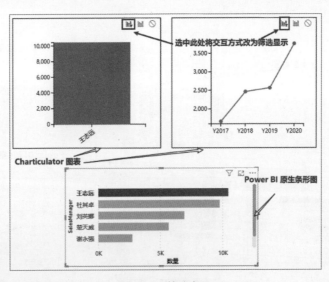

图 18-5　筛选交互

> **备注：**19.2 节会介绍如何使用 DAX 突出显示 Charticulator 折线图中的分类
> 数据，这一点是 Power BI 的原生折线图难以做到的。

在图 18-5 所示的 Power BI 的原生条形图上选中销售经理"王志远"的销量数据，Charticulator 折线图和柱形图均响应了来自该条形图的筛选并显示"王志远"的销量数据。

18.2.2　高亮显示 Charticulator 图表的相应区域

Charticulator 图表在高亮显示的交互上存在不足——只有当用户在 Power BI 图表中选中的数据与 Charticulator 图表中的数据来源相同时，高亮显示才会生效，如图 18-6 所示。

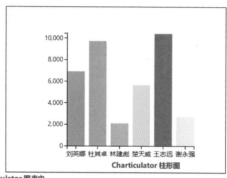

Power BI 图表中选中的字段和 Charticulator 图表中使用的字段来源相同，高亮显示交互生效

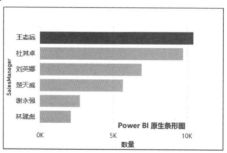

图 18-6　只有当用户在 Power BI 图表中选中的数据与 Charticulator 图表中的数据来源相同时，高亮显示才会生效

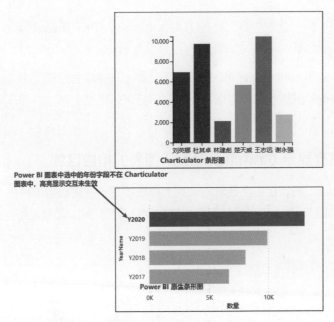

图 18-6　只有当用户在 Power BI 图表中选中的数据与 Charticulator 图表中的数据来源相同时，高亮显示才会生效（续）

　　不过，如果用户在 Power BI 界面的"Visual"（可视化）窗格中，为 Charticulator 图表启用了"Partial cross-highlight"（交叉筛选部分的高亮显示）选项下的"Add highlight columns"（添加部分显示的字段）功能，如图 18-7 所示，就有办法为 Charticulator 图表中的数值字段实现高亮显示的效果。

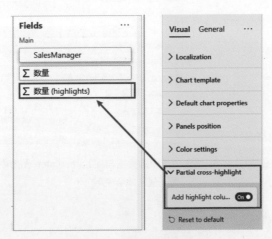

图 18-7　启用高亮显示功能

启用高亮显示功能后，从图 18-7 中可以看到 Charticulator 的"Fields"（字段）窗格内多了一项"数量（highlights）"。这个新增的字段会响应来自其他视觉对象的筛选——即使对 Charticulator 图表产生筛选的字段来源于其他的表。此处实现高亮显示的原理是在"Glyph"（图标）窗格中设计两个独立的标记，分别对应本例的"数量"和"数量（highlights）"字段，具体实现的步骤如下。

（1）参考 14.4 节内容，在"Glyph"（图标）窗格中使用数据轴并绘制数值字段"数量"和"数量（highlights）"，如图 18-8 所示。请记得在设计前先在 Power BI 画布上选中切片器或者其他图表中的数据以对此处的 Charticulator 图表形成筛选，这样你就能直观地看到"数量"和"数量（highlights）"字段的差异（译者注：反映在图 18-8 中的数据预览中），否则"数量"和"数量（highlights）"字段在数据预览中结果完全一致。

（2）编辑"数量"和"数量（highlights）"字段对应图标的填充色——"数量（highlights）"字段的图标用深色来达到高亮显示效果，"数量"字段的图标用浅色或者用与"数量（highlights）"字段的图标同样的颜色但应用较低的透明度来达到高亮显示效果，目的是让两个字段的图标颜色在视觉上有明显的对比。

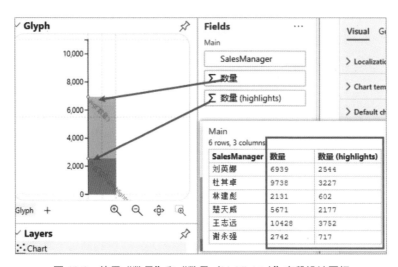

图 18-8　使用"数量"和"数量（highlights）"字段设计图标

如图 18-9 所示，在 Power BI 条形图中选中 2020 年的销量数据条，此时 2020 年的销量数据在 Charticulator 柱形图中高亮显示。

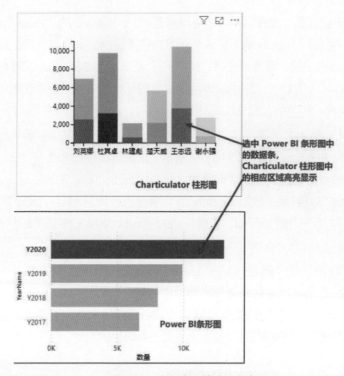

图 18-9　实现交叉筛选的高亮显示

相比 Power BI 的原生图表只有单一的高亮显示方式，Charticulator 中提供了更多有趣的选择。如图 18-10 左侧的两张图表所示，上半部分的图表通过水平线条响应右侧条形图的数据筛选，下半部分的图表则使用较小的黑色矩形响应同样的数据筛选。

通过本章，你了解了 Charticulator 图表响应用户关于报表操作的方式，以及与画布上其他视觉对象的动态交互——要实现预期的交互效果，就需要用户进行一些设定。此外，Charticulator 还能够为响应交叉筛选的高亮显示设置各种灵活的展现形式。

现在你已经成长为一位兼具丰富理论知识和实战经验的 Charticulator 用户了，感觉一定很不错吧！在见识到各种奇妙的用法后，你可能不得不感慨限制用户使用 Charticulator 进行可视化设计的往往是用户的想象力。本书的最后一章会进一步介绍 Charticulator 可视化设计的潜力并尝试设计更具挑战性的图表，使你的 Charticulator 图表设计水平提升到新的境界，并为本书的学习旅程画上一个完美的句号。

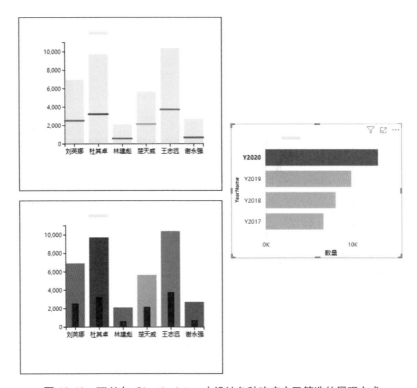

图 18-10　可以在 Charticulator 中设计各种响应交叉筛选的展现方式

第 **19** 章

更进一步

首先，很高兴你投入了时间和精力学完了前面所有的章节。到这里，你应该已经能熟练使用 Charticulator，掌握书中教授的方法和技巧，可以得心应手地设计可视化图表展现关键的信息和洞察，手到擒来地描绘数据背后的故事。相信这也是你翻开本书的初衷和目的。

本章的内容是一份对你的嘉奖：通过使用各种设计技巧绘制更复杂的图表来拓宽你的 Charticulator 图表设计能力，而你可以无须背负任何压力来进行学习。

接下来的内容会介绍如何使用多个绘图区和图标并互相叠加来设计高度定制的图表效果。使用类似的技巧，你可以创造无数种图表元素的组合搭配。另外，本书还会探究如何使用 DAX 度量值控制图表元素的显示，这个技巧适用各种不同的应用场景并可以增加图表的灵活度。

以下是本章会构建的图表：

（1）矩阵图和卡片图的组合图表

（2）高亮显示所选类别的折线图

（3）分类折线图

（4）抖点图

（5）箭头图

19.1　矩阵图和卡片图的组合图表

图 19-1 所示的是矩阵图和卡片图的组合图表，其中包含了以下元素：

- 矩阵图应用了条件格式来区分销量的大小。
- 右侧的条形图显示了每个省份的销量小计。
- 右侧的卡片图显示了摘要数据。

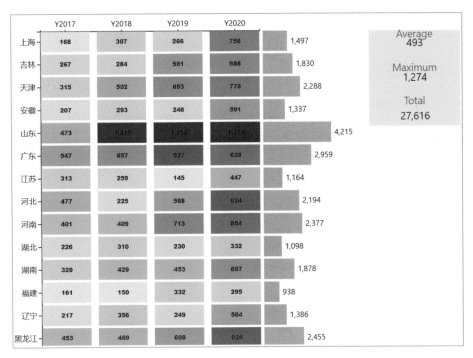

图 19-1　矩阵图和卡片图的组合图表

图 19-1 中使用了多个绘图区并为每个绘图段都设计了图标，其中右侧的小计及卡片中的汇总数据（Total）使用了 Charticulator 中的"Group by…"（分组依据）功能。不过，因为在 Charticulator 中只能按所用数据集中存在的类别进行分组（在本例中可以按"YearName"或"Province"类别进行分组），所以，为了使卡片图中的摘要数据可实现汇总聚合，我们特意添加了一个名为"Group_All"的 DAX 度量值，度量值的计算结果是常量"**Y**"，如图 19-2 所示。

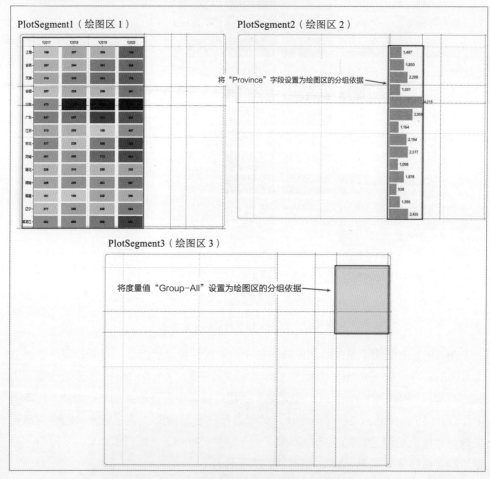

图 19-2　创建 DAX 度量值对所有数据分组聚合

图 19-3 中列出了用于创建图表的 3 个绘图区。

图 19-3　用于创建图 19-1 中的 3 个绘图区

画布中添加了数条引导线用来锚定各个绘图区，其中：

（1）"PlotSegment1"（绘图区 1）中包含绑定"Province"字段的分类 *Y* 轴和绑定"YearName"字段的分类 *X* 轴，以及一个矩形图标。这里将"数量"字段绑定到矩形的"Fill"（填充）属性上并设置了"Oranges"（橙色）渐变色配色方案。

（2）"PlotSegment2"（绘图区 2）中使用了"Province"字段作为分组依据，在"Glyph"（图标）窗格中添加一个矩形图标和文本标记作为数据标签，设置绘图区子布局样式为"Stack Y"（*Y* 轴堆叠）。

（3）在"PlotSegment3"（绘图区 3）中设计了卡片图，使用"Group_All"度量值作为分组依据。在"Glyph"（图标）窗格中添加文本标记作为数据标签并使用合适的聚合函数计算指标，如图 19-4 所示。最后为卡片图添加一个矩形作为背景板，根据需要选择填充色并设置透明度。

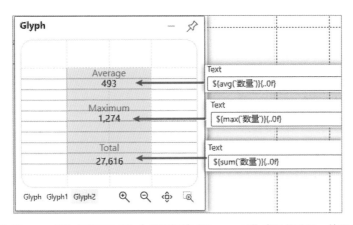

图 19-4 "PlotSegment3"（绘图区 3）中的图标按"Group_All"度量值分组，使用 3 个文本标记作为各项指标的数据标签

19.2 高亮显示所选类别的折线图

受到外部筛选器的影响，Power BI 的原生折线图只能展示经筛选后的数据，它所提供的设置选项无法实现在图表中高亮显示用户所选的类别数据（例如通过选取切片器中的部分数据），也无法突出显示线条上特定的数据点和数值（比如最大值）。

译者注：折线图的高亮显示和特定数据点的突出显示可以通过叠加图表和计算组的方法实现，具体操作步骤较为烦琐，这里不再介绍。

图 19-5 所示的是折线图，在右侧的切片器中选择了两位销售经理——"王志远"

和"刘英娜"，他们的销量数据在折线图中高亮显示，并且表示最多年度销量的数据点也被展示在图表中。在探索如何构建这个图表之前，让我们先预览一下 Charticulator 用到的数据集和用于筛选的切片器，以及在数据模型中的源表，如图 19-6 所示。可以看到不同于 Charticulator 折线图用到的"SalesManager"字段（来自"销售经理"表），切片器使用的"SalesManager"字段来自另一张表"销售经理_切片器"，可以通过 DAX 或 Power Query 创建这张表（本例使用的是 DAX），该表无须与数据模型中的其他表进行关联。

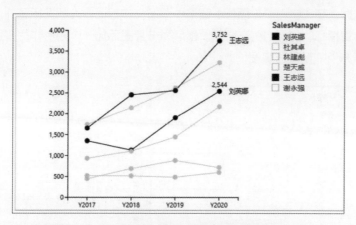

图 19-5　高亮显示所选销售经理的销量数据的折线图

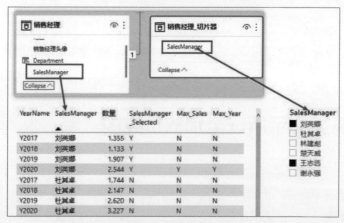

图 19-6　请注意，切片器中的"SalesManager"（销售经理）字段来自"销售经理_切片器"表，而折线图中用到的"SalesManager"字段来自"销售经理"表

图 19-6 所示的源表的右边 3 列都是新建的 DAX 度量值，分别是：

（1）SalesManager_Selected（选中的销售经理）。

```
SalesManager_Selected =
--如果销售是切片器中选择的销售人员，则返回"Y"
VAR SalespeopleSelect = VALUES( '销售经理_切片器'[SalesManager] )
RETURN
    IF(
        SELECTEDVALUE( '销售经理'[SalesManager] ) IN SalespeopleSelect,
        "Y",
        "N"
    )
```

（2）Max_Sales（最多销量）。

```
Max_Sales =
--如果是销售经理的最多年度销量，则返回"Y"
VAR MaxforSalesManager =
    MAXX( ALL( '日期'[YearName] ), CALCULATE( SUM( '订单'[数量] ) ) )
VAR SalesManagerSelect = VALUES( '销售经理_切片器'[SalesManager] )
RETURN
    IF(
        CALCULATE( SUM( '订单'[数量] ) ) = MaxforSalesManager
            && SELECTEDVALUE( '销售经理'[SalesManager] ) IN SalesManagerSelect,
        "Y",
        "N"
    )
```

（3）Max_Year（最多销量年份）

```
Max_Year =
--如果是所选销售经理最近一次的销售年份，则返回"Y"
VAR MaxYear =
    CALCULATE(
        MAX( '日期'[YearName] ),
        ALLSELECTED( '日期'[YearName] )
    )
VAR SalesManagerSelect = VALUES( '销售经理_切片器'[SalesManager] )
RETURN
    IF(
        SELECTEDVALUE( '日期'[YearName] ) = MaxYear
            && SELECTEDVALUE( '销售经理'[SalesManager] ) IN SalesManagerSelect,
        "Y",
        "N"
    )
```

根据不同的条件，度量值结果返回"Y"或"N"。在 Charticulator 折线图中，符号的"Visibility"（可见性）属性和连接线的"Fill"（填充）属性会用到这些度量值，用来控制线条和数据点的颜色，以及在切片器中选择的销售人员姓名和最多年度销量的可见性。

折线图的创建步骤如下。

（1）将"数量"字段绑定到 Y 轴上，将"YearName"字段绑定到 X 轴上，在"Glyph"（图标）窗格中添加一个圆形符号。然后用线条连接"SalesManager"字段。

（2）将"SalesManager_Selected"度量值绑定到圆形符号的"Fill"（填充）属性和连接线的"Color"（颜色）属性上，并编辑"Scales"（刻度/色阶）窗格内的"Line1.Color"（线条 1.颜色）和"Symbol1.Fill"（符号 1.填充）属性，当度量值"SalesManager_Selected"返回结果为"Y"时设为黑色，当返回结果为"N"时设为浅灰色。

（3）在"Glyph"（图标）窗格内添加一个文本标记并锚定在圆形符号上（将文本标记的位置调整到圆形符号的正上方），将其与"数量"字段绑定；将"Max_Sales"度量值绑定到文本标记的"Visibility"（可见性）属性上并设置为当"Max_Sales"度量值返回结果为"Y"时文本标记才可见。

（4）在"Glyph"（图标）窗格内添加第二个文本标记并锚定在圆形符号上（将文本标记的位置调整到圆形符号的右侧），将其与"SalesManager"字段绑定；将"Max_Year"度量值绑定到文本标记的"Visibility"（可见性）属性上并设置为当"Max_Year"度量值返回结果为"Y"时文本标记才可见，如图 19-7 所示。

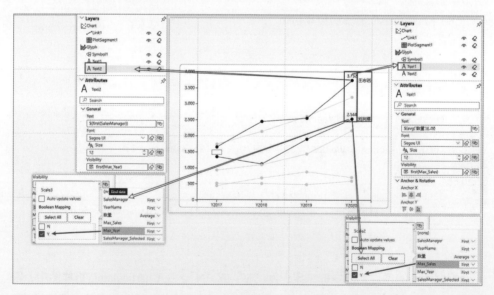

图 19-7　通过"Visibility"（可见性）属性并结合度量值控制销售经理和最多销量数据的数据标签显示

现在，折线图就可以根据切片器中的设置高亮显示选中的销售经理姓名及其最多年度销量数据了，其他未被选中的销售经理的线条则呈浅灰色。

19.3　分类折线图

图 19-8 所示的数据集包含了各年度的月销量，如果用户只浏览数据则并不能很快定位哪个年/月的销量最高，本节会设计一个可以直观地比较不同年/月销量的图表帮助用户解读数据。

YearMonthName	MonthName	YearName	数量
Y2020M12	M12	Y2020	405
Y2017M2	M2	Y2017	669
Y2018M2	M2	Y2018	641
Y2019M2	M2	Y2019	725
Y2020M2	M2	Y2020	1,493
Y2017M3	M3	Y2017	461
Y2018M3	M3	Y2018	868
Y2019M3	M3	Y2019	1,122
Y2020M3	M3	Y2020	1,552
Y2017M4	M4	Y2017	438
Y2018M4	M4	Y2018	675
Y2019M4	M4	Y2019	1,032
Y2020M4	M4	Y2020	1,280
Y2017M5	M5	Y2017	769
Y2018M5	M5	Y2018	1,046
Y2019M5	M5	Y2019	1,544

图 19-8　你能一眼辨别哪个月份的销量最高吗？

再观察一下图 19-8 中所示的数据，除"MonthName"和"YearName"字段外，这里还使用了日期表中的另一个字段"YearMonthName"。其中"MonthName"字段用于对"数量"字段进行分组，"YearMonthName"字段是表中具有唯一值的分类字段，将为每一行数据在图表中生成一个数据点，这样用户就可以绘制每一年的月销量，用以查看 2017—2020 年这 4 年中各月的销量情况；"YearName"字段则会被绑定图表中的数据点填充属性生成图例。

从图 19-9 中可以看到 1~6 月中销量最多的月份是 5 月，特别是 2020 年 的 5 月，销量最低迷的月份则是 2017 年的 4 月。在这个图表中还添加了一条绿色水平线显示月份的平均销量（对应度量值"AvgSalesQty.byMonth"）来为用户提供更多的数据参考。

```
AvgSalesQty.byMonth =
--各月份平均销量
VAR MonthlySalesQty =
```

```
    CALCULATETABLE(
        ADDCOLUMNS(
            SUMMARIZE( '日期', '日期'[YearMonthName], '日期'[MonthName] ),
            "@SalesQty", CALCULATE( SUM( '订单'[数量] ) )
        ),
        NOT ( ISBLANK( '日期'[YearName] ) ),
        ALL( '日期'[YearMonthName] )
    )
VAR Result = AVERAGEX( MonthlySalesQty, [@SalesQty] )
RETURN
    Result
```

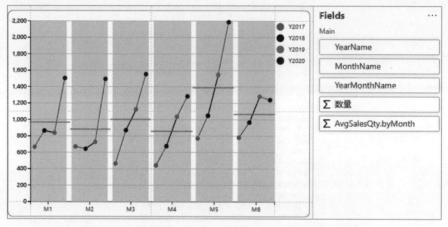

图 19-9　从图表中可以看到 2020 年 5 月的销量独领风骚

图 19-9 是由 3 个绘图区叠加组成的，如图 19-10 所示。

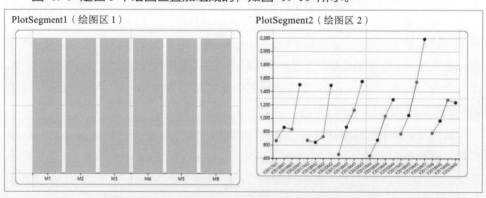

图 19-10　图 19-9 中的 3 个绘图区及叠加组合后的效果

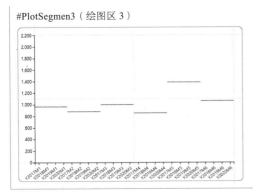

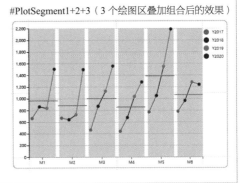

图 19-10　图 19-9 中的 3 个绘图区及叠加组合后的效果（续）

设计 3 个绘图区的步骤如下所示。

（1）将"PlotSegment1"（绘图区 1）的"Group by..."（分组依据）设为"MonthName"字段，将"MonthName"字段绑定到 X 轴上，在"Glyph"（图标）窗格中添加一个浅灰色的矩形，记得对 X 轴上的月份名设置自定义排序以按照正确的月份顺序排列。

（2）在"PlotSegment2"（绘图区 2）的"Glyph"（图标）窗格中添加圆形符号以用作对应各年度的各月销量的数据点，将"YearMonthName"字段绑定到 X 轴上并在"Attributes"（属性）窗格里取消勾选 X 轴属性中的"Visible"（可见）复选框。将字段"YearMonthName"绑定到 X 轴上就可以正确分类数据，无须将轴标签显示在图表中。然后把"数量"字段绑定到 Y 轴上，把"YearName"字段绑定到圆形符号的"Fill"（填充）属性上。最后添加"Link"（连接），使用线条连接并选中"PlotSegment2"（绘图区 2）的"MonthName"分类下的子类别数据。

（3）创建"PlotSegment3"（绘图区 3）的方式与创建"PlotSegment2"（绘图区 2）大致相同，主要的区别在于与 Y 轴绑定的是"AvgSalesQty.byMonth"度量值，只有这样在"Glyph"（图标）窗格中添加的线条才能被定位到月度平均销量的位置。为了保证 Y 轴的数据范围一致，还需要编辑"PlotSegment2"（绘图区 2）和"PlotSegment3"（绘图区 3）的 Y 轴的"Range"（范围）"属性，使其"from"（起始）值和"to"（终止）值与"PlotSegment1"（绘图区 1）的 Y 轴数据标签值域的最小值和最大值保持一致。

基于图 19-9 的设计方法，你可以轻松举一反三，设计类似的数据可视化图表来查看每一周（按天）或每一天（按小时）的业务活动情况。

19.4 抖点图

通过学习图 19-5 所示的高亮显示所选类别的折线图后，我们知道了可以运用一定的技巧在图表中标识出切片器中选择的选项来帮助用户聚焦图表中的数据。

在图 19-11 所示的抖点图中可以分析各位销售经理的销量。图表中包含了2019—2020 年各子类别产品的销量，从中能对应每一位销售经理关于每一种子类别产品的销量。比如，可以发现"王志远"在"桌子"和"设备"产品上的销售表现不佳，但在"椅子"和"装订机"上的销售表现突出。

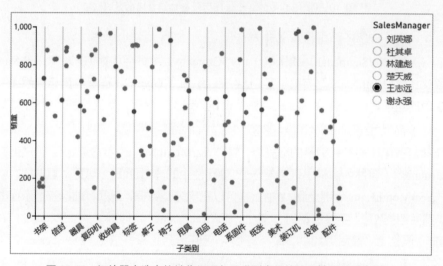

图 19-11　切片器中选中的销售经理各子类别产品的销量情况（抖点图）

与图 19-5 所示的示例一样，图 19-11 所示的示例中也会用到切片器。如图19-12 所示，切片器中的"SalesManager"（销售经理）字段来自 "销售经理切片器"表，抖点图中的"SalesManager"字段来自"销售经理"表。"销售经理_切片器"表不与数据模型中的其他表关联。

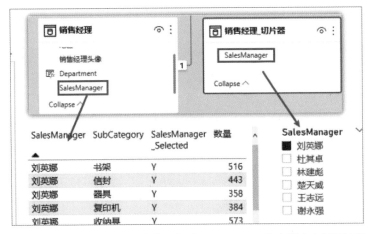

图 19-12　切片器和抖点图中使用的"SalesManager"字段来自不同的表

图表中会用到度量值"SalesManager_Selected":

```
SalesManager_Selected =
--如果销售是切片器中选择的销售人员，则返回"Y"
VAR SalespeopleSelect = VALUES( '销售经理_切片器'[SalesManager] )
RETURN
    IF(
        SELECTEDVALUE( '销售经理'[SalesManager] ) IN SalespeopleSelect,
        "Y",
        "N"
    )
```

构建此抖点图会用到两个互相叠加的绘图区，其中置于顶层的绘图区只显示选定销售经理的销量数据，其颜色为亮红色，以达到高亮显示的效果。置于底层的绘图区则显示所有销售经理和产品子类别的销量数据。

设计图表的具体步骤如下。

（1）图 19-13 所示的"PlotSegment1"（绘图区 1）是置于底层的绘图区，应用抖点子布局，把"SubCategory"字段绑定到 X 轴上，把"数量"字段绑定到 Y 轴上。在"Glyph"（图标）窗格里添加一个圆形符号并将填充色设为灰色。

（2）图 19-14 所示的"PlotSegment2"（绘图区 2）是置于顶层的绘图区。该绘图区位置与第一个绘图区重合，同样使用一个圆形符号，把"SubCategory"字段绑定到 X 轴上，把"数量"字段绑定到 Y 轴上。符号颜色选为亮红色，这里取消勾选绘图区坐标轴的"Visibility & Position"（可见性和位置）选项中的"Visibility"（可见性）属性来隐藏 X 轴和 Y 轴的轴标签。

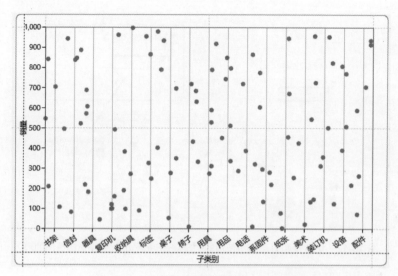

图 19-13　设计抖点图用到的第一个绘图区

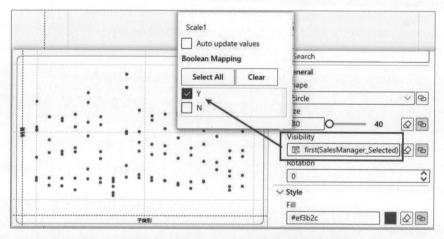

图 19-14　第二个绘图区用于显示所选销售经理的销量数据

（3）为控制"PlotSegment2"（绘图区 2）中圆形符号的可见性，使其仅显示所选销售经理的销量数据，将度量值"SalesManager_Selected"绑定到"Symbol2"（符号 2）的"Visibility"（可见性）属性上，并设置为当"SalesManager_Selected"度量值返回结果为"Y"时文本标记才可见，如图 19-14 所示。

（4）添加两个文本标记用作轴标签，并锚定在新增的引导线上。

在 5.2.5 节曾介绍过抖点子布局中的数据点的排布是随机的，这个特性会导致我们在本例中无法准确分辨各子类别产品的销量集中在哪个区段（译者注：即灰色数据

点的位置随机排列，其所对应的 Y 轴数值并非是准确的销量数据）。可以在图表中的
"PlotSegment1"（绘图区 1）应用填充子布局取代前面所用的抖点子布局来弥补这个
不足，如图 19-15 所示。相比之下，你会觉得哪种更好呢？

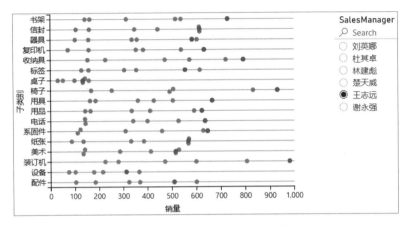

图 19-15　使用填充子布局的图表

19.5　箭头图

本节介绍用来对比切片器中选择的两个年份的销量数据的箭头图。图 19-16 中比
较了各销售经理在 2019 年和 2020 年的销量数据，可以看到大多数销售经理的销量
都有提升，只有"谢永强"的销量在 2020 年出现下滑，如图 19-16 中反向红色箭头
所示。

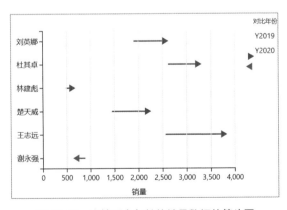

图 19-16　比较两个年份的销量数据的箭头图

为了在图 19-16 中只显示切片器中所选年份的销量数据，需要借助 DAX 创建以下度量值"SalesQty.StartEnd"：

```
SalesQty.StartEnd =
-- 返回所选的最小和最大年份
VAR StartYear =
    MINX(
        ALLSELECTED( '日期'[YearName] ),
        CALCULATE( MIN( '日期'[YearName] ) )
    )
VAR EndYear =
    MAXX(
        ALLSELECTED( '日期'[YearName] ),
        CALCULATE( MAX( '日期'[YearName] ) )
    )
RETURN
    IF(
        SELECTEDVALUE( '日期'[YearName] ) = StartYear
            || SELECTEDVALUE( '日期'[YearName] ) = EndYear,
        "Y",
        "N"
    )
```

可以在图 19-17 中看到该度量值返回的结果。

年份		YearName	SalesManager	数量	SalesQty.StartEnd
2018	2020	Y2018	刘英娜	1,133	Y
		Y2019	刘英娜	1,907	N
		Y2020	刘英娜	2,544	Y
		Y2018	杜其卓	2,147	Y
		Y2019	杜其卓	2,620	N
		Y2020	杜其卓	3,227	Y
		Y2018	林建彪	518	Y

图 19-17　"SalesQty.StartEnd"度量值用于判断数据所在行的年份是否为切片器中选中的最小或最大年份，用于筛选出在图表中做对比的两个年份

这里需要把"SalesQty.StartEnd"度量值添加到 Charticulator 图表的视觉对象筛选器中，并筛选出值为"Y"的数据，如图 19-18 所示，即在图表做对比的两个年份的销量数据。

图 19-18 用度量值作为筛选条件筛选出切片器中选中的最小和最大年份的销量数据

要让图表根据切片器的选择正确地绘制箭头，得满足以下 4 点：

（1）箭头符号仅在较大年份上显示。

（2）如果销量随时间增加，则用蓝色箭头显示。

（3）如果销量随时间减少，则用红色箭头显示。

（4）代表销量增加和减少的箭头指向相反，这就要用到两个绘图区，每个绘图区各自使用一个图标。

对于以上这 4 点可以借助"Glyph"（图标）窗格中箭头符号的"Visibility"（可见性）属性并配合下面 3 个 DAX 度量值来实现：

```
LastSelectedYear =
--如果是切片器中所选年份的最后一年，则返回"Y"
IF(
    SELECTEDVALUE( '日期'[YearName] )
        = CALCULATE( MAX( '日期'[YearName] ), ALLSELECTED( '日期'[YearName] ) ),
    "Y",
    "N"
)
SalesQtyDecrease =
--如果切片器中所选最大年份的销量小于初始年份的销量，则返回"Y"
VAR FirstYear =
    CALCULATE( MIN( '日期'[YearName] ), ALLSELECTED( '日期'[YearName] ) )
VAR FirstYearSales =
    CALCULATE( SUM( '订单'[数量] ), '日期'[YearName] = FirstYear , REMOVEFILTERS( '日
```

```
期'[年份序号] ) )
RETURN
    IF(
        SUM( '订单'[数量] ) >= FirstYearSales,
        "N",
        "Y"
    )
SalesQtyLastYearNotDecrease =
--如果是切片器中所选的最大年份并且销量多于初始年份的销量，则返回"Y"
IF( [LastSelectedYear] = "Y" && [SalesQtyDecrease] = "N", "Y", "N" )
```

可以将这两个度量值放入表格中查看返回的结果，如图 19-19 所示。

年份 ⌄		YearName	SalesManager	数量	LastSelected Year	SalesQty Decrease	SalesQtyLastYearNot Decrease
2017	2018	Y2017	刘英娜	1,355	N	N	N
├──┤		Y2018	刘英娜	1,133	Y	Y	N
		Y2017	杜其卓	1,744	N	N ·	N
		Y2018	杜其卓	2,147	Y	N	Y
		Y2017	林建彪	523	N	N	N
		Y2018	林建彪	518	Y	Y	N
		Y2017	楚天威	937	N	N	N
		Y2018	楚天威	1,109	Y	N	Y
		Y2017	王志远	1,658	N	N	N
		Y2018	王志远	2,457	Y	N	Y

图 19-19　根据切片器的选择度量值返回的结果，它们会用于显示或隐藏图表里的箭头

图表里的箭头是通过连接图中每位销售经理的销量数据点来创建的，在本例中我们会用"Link"（连接）的"Color"（颜色）属性来控制连接线的显示颜色，以表示销量是在增长（蓝色）还是在减少（红色）。对于销量增长的情况可以借助"SalesQtyDecrease"度量值，对于销量减少的情况则还需要添加一个度量值"SalesQtyDecrease_2"：

```
SalesQtyDecrease_2 =
--如果切片器中所选初始年份的销量大于最大年份的销量，则返回"Y"
VAR LastYear =
    CALCULATE( MAX( '日期'[YearName] ), ALLSELECTED( '日期'[YearName] ) )
VAR LastYearSales =
    CALCULATE( SUM( '订单'[数量] ), '日期'[YearName] = LastYear , REMOVEFILTERS( '日期
'[年份序号] ) )
RETURN
    IF(
        SUM( '订单'[数量] ) <= LastYearSales,
        "N",
        "Y"
    )
```

将度量值放入表格中查看返回的结果，如图 19-20 所示。

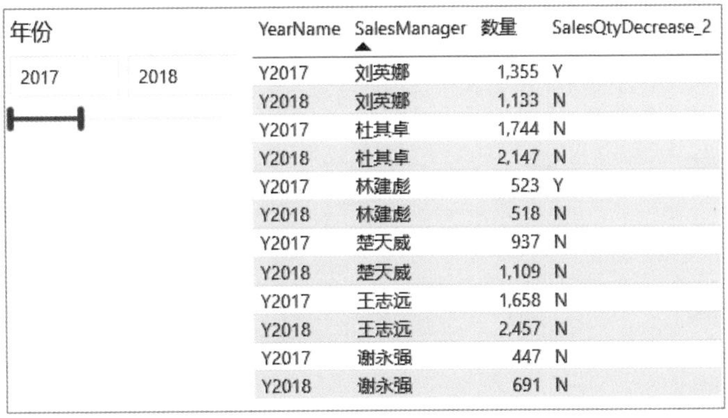

图 19-20　连接线的颜色属性会用到的"SalesQtyDecrease_2"度量值

表 19-1　罗列了 DAX 度量值返回"Y"值所满足的条件

度量值	返回"Y"值的条件
SalesQtyDecrease	当前数据所在年份的销量小于初始年份（切片器中选中的最小年份）的销量
SalesQtyDecrease_2	当前数据所在年份的销量大于切片器中选中的最大年份的销量
SalesQtyLastYearNotDecrease	当前数据所在年份是切片器中选中的最大年份，且销量大于或等于初始年份（切片器中选中最小年份）的销量

准备工作就绪后下面着手构建箭头图。图 19-21 所示的是图表用到的第一个绘图区，其中：

（1）将"数量"字段绑定到绘图区的 X 轴上，并在 X 轴的"Gridline"（网格线）选项中的"Style"（类型）属性中选择"Solid"（实线），将 X 轴的"Range"（范围）属性调整为从 0 到 4000，以包含数据集中年度销量的所有数据（译者注：本例中最高的销量是"王志远"2020 年的销量；最低的销量是"谢永强"2017 年的销量）；将"销售经理"字段绑定到 Y 轴上。

（2）在"Glyph"（图标）窗格中添加一个符号并在其"General"（通用）选项的"Shape"（形状）属性中选择"triangle"（三角形），将"Rotation"（旋转）属性设为 30。

（3）把度量值"SalesQtyLastYearNotDecrease"绑定到三角形符号的"Visibility"（可见性）属性上并设置度量值返回结果为"Y"时可见，即当前数据所在年份是切片器中选中的最大年份，且销量大于或等于初始年份（切片器中选中的最小年份）的销量时符号可见。

（4）添加"Link"（连接），用线条连接图中的"SalesManager"类别，将度量值"SalesQtyDecrease_2"绑定到"Link"（连接）的"Color"（颜色）属性上，并将线条颜色设置成度量值返回结果为"Y"时呈红色，度量值返回结果为"N"时呈蓝色。

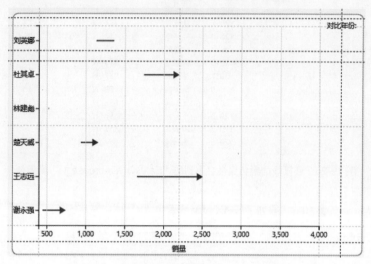

图 19-21　图表中的"PlotSegment1"（绘图区 1）

接着创建显示销量降低的反向箭头所在的第二个绘图区，如图 19-22 所示。

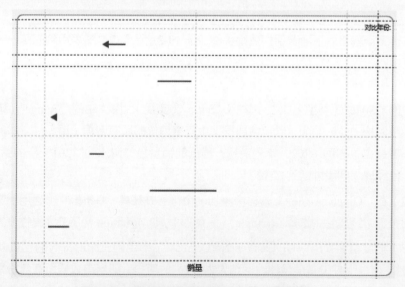

图 19-22　图表中的"PlotSegment2"（绘图区 2）

（1）"PlotSegment2"（绘图区 2）与"PlotSegment1"（绘图区 1）有着相同的坐标轴（即它们在画布上的位置完全重合）和 *X* 轴的"Range"（范围）属性，取消勾选绘图区中两个坐标轴的"Visibility & Position"（可见性和位置）属性下的"Visible"（可见）复选框。

（2）在"Glyph"（图标）窗格中添加一个符号并在其"General"（通用）选项的"Shape"（形状）属性中选择"triangle"（三角形），将"Rotation"（旋转）属性设为"90"。

（3）把度量值"SalesQtyLastYearNotDecrease"绑定到三角形符号的"Visibility"（可见性）属性上并设置度量值返回结果为"Y"时可见。即当前数据所在年份的销量大于切片器中所选的最大年份的销量时符号可见。

最后在图表的右上角处添加绘图区和两个三角形符号作为绘制图例的区域，如图 19-23 所示。

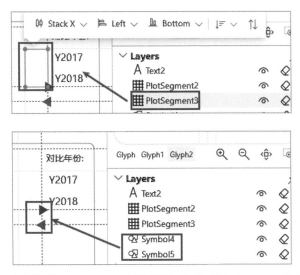

图 19-23　图表中的"PlotSegment3"（绘图区 3）和"PlotSegment4"（绘图区 4）

（1）在"PlotSegment3"（绘图区 3）中把"YearName"字段设为绘图区的分组依据，然后将"YearName"绑定到 *Y* 轴上，将轴标签的"Position"（位置）属性调整为"Opposite"（相反），并取消勾选轴的"Style"（类型）属性中的"Show Tick Line"（显示刻度线记号）和"Show Baseline"（显示基准线）复选框。

（2）在"PlotSegment3"（绘图区 3）下方中添加两个符号，在其"General"（通用）选项的"Shape"（形状）属性中选择"triangle"（三角形），其中一个颜色设置蓝色，将"Rotation"（旋转）属性设为"30"；另一个颜色选用蓝色，将"Rotation"（旋转）属性设为"90"。

　　贯穿本章的各种图表设计思路和方法相当具有创造性，你可以充分发挥想象力并不断尝试，从而一定能够设计出更为精彩的可视化图表！

　　本书的 Charticulator 学习之旅终于要画上句号了，由衷希望这段旅程不仅仅教会你如何使用 Charticulator，也希望在可视化设计方面能给你足够多的启发，为你构建信息丰富、具有说服力和视觉效果惊艳的图表赋能，让你的图表在一众普通乏味的 Power BI 报表中脱颖而出。

　　祝你在未来的日子里可以尽情享受 Charticulator！